RENÉ MERTEN

MEIN
PROJEKT

NEUES
WISSEN
GENERIEREN

maudrich

Wegen stilistischer Klarheit und leichterer Lesbarkeit wurde im Text auf die sprachliche Verwendung weiblicher Formen verzichtet. Die Verwendung der männlichen Form gilt inhaltlich für alle Geschlechter gleichermaßen.

Bibliografische Information der Deutschen Nationalbibliothek
Die Deutsche Nationalbibliothek verzeichnet diese Publikation in der
Deutschen Nationalbibliografie; detaillierte bibliografische Daten sind im Internet
über http://dnb.d-nb.de abrufbar.

Copyright © 2020 maudrich Verlag
Facultas Verlags- und Buchhandels AG, Wien, Austria
Alle Rechte, insbesondere das Recht der Vervielfältigung und der Verbreitung sowie der
Übersetzung, sind vorbehalten.
Umschlaggestaltung: Facultas Verlags- und Buchhandels AG
Umschlagbild, S. 8–9, 14–15, 86–87: © Zhang Shu, istockphoto.com
Lektorat: Astrid Fischer, Berlin, www.astridfischer.eu
Coverentwurf und Grafiken: Marcus Balogh, Facultas Verlags- und Buchhandels AG
Typographie und Satz: Hannes Strobl, Neunkirchen/NÖ
Druck: Finidr, Tschechien
ISBN 978-3-99002-104-0

Auch als ebook erhältlich: 978-3-99111-001-9 (epub)

Vorwort

Super – Sie wollen sich beruflich weiterentwickeln, halten diesen Ratgeber in Händen und möchten am liebsten gleich starten. Das tun viele – und nicht wenige scheitern genau daran! Vielleicht hatten Sie auch einmal den ein oder anderen Kunden oder Vorgesetzten, der lieber gestern als heute schon die ersten Ergebnisse auf dem Tisch sehen wollte? Unter Managern ist dies als Whisky-Syndrom bekannt, das für die Frage steht: „Why isn't Sam coding yet?" („Wieso programmiert Sam noch immer nicht?"). Daran erkennen Sie mindestens zweierlei: Zum einen, dass Projektmanagement ursprünglich aus der IT-Branche stammt (und nicht aus dem Spirituosenhandel). Zum anderen, dass Ungeduld und Aktionismus selbst dann nicht weiterhelfen, wenn sie wie so oft Hand in Hand gehen.

Projektmanagement-Tools sind eine großartige Hilfe, wenn man sie zweckgemäß einsetzt und sich zuvor einige Grundsätze klarmacht – das lesen Sie im ersten Kapitel. Darüber hinaus lebt ein gutes Management von einer vorausschauenden Planung dessen, was man wie und wann, womit und mit wem, wie lange und in welcher Weise vorhat – davon handelt das zweite Kapitel. Erst dann geht es an die Umsetzung, die mehr ist, als Papier in Taten umzuwandeln – dies erfahren Sie im dritten Kapitel.

Sie lernen dabei nicht nur einen bunten Methodenkoffer kennen. Sie probieren jedes Tool auch praktisch an Ihrem Projekt aus.

Viel Spaß dabei – get your project started!

Wien, im Mai 2020   Ihr René Merten

Inhalt

> **"**
> ## Das Leben ist ein einziges
> ## Do-it-yourself-Projekt.
> **"**

I MEIN PROJEKT, DESSEN MANAGEMENT UND ICH

Projektorientiertes Handeln – Passt mein Vorhaben dazu?

„Mach es zu deinem Projekt!", lautete einst die Werbung einer bekannten Baumarktkette. Dahinter steht die Intention, dass die erfolgreiche Umsetzung eines Projektes vornehmlich von Ihrer Einstellung zum Vorhaben abhängt. Sie mag marketingmäßig zu steigendem Absatz von Baumaterial und Heimwerker-Utensilien geführt haben – stimmen tut sie nicht.

Nicht alles, was Sie gerne in Projektform umsetzen würden, eignet sich dazu – genauso wenig wie ein Auto zum Schwimmen taugt oder ein Dreirad zum Drachensteigen. Projekte zeichnen sich vor allem dadurch aus, dass zumindest ein Teil des beabsichtigten Vorhabens neuartig ist. Wenn Sie zum Beispiel endlich die exotische Sprache aus Ihrem Urlaubsland erlernen wollen, ist die Einschreibung in einen VHS-Kurs nicht per se neu – das Angebot nehmen viele Menschen wahr. Neu ist dies aber insofern, als Sie es selbst noch nie gemacht haben. Kommentieren Sie beispielsweise fleißig in den sozialen Netzwerken, liken und teilen spannende Beiträge und wollen nun endlich Ihren eigenen Blog starten? Dann gründet die Neuartigkeit nicht in der Social-Media-Technik, sondern darin, nun Ihr Erfahrungswissen und Ihre Meinungen systematisch im Internet darzustellen. Typisch dafür ist stets eine gewisse **Unsicherheit:**

- ❏ Bin ich bereit für die Aufgabe?
- ❏ Wird es mit den begrenzten Mitteln klappen?
- ❏ Ist es die richtige Zeit dafür?
- ❏ Stimmen die engen Rahmenbedingungen?

Wenn Sie sich solche oder ähnliche Fragen stellen, ist Ihr Vorhaben projektwürdig. Um es anders auszudrücken: Projekte leben von dem **Risiko,** dass sie scheitern können!

Ein zweiter wichtiger Punkt ist die notwendige **Abgrenzung** und inhaltliche **Fokussierung.** Einfach gerne etwas Neues ausprobieren, sich treiben lassen oder sich nicht selbst gedanklich einschränken wollen – das sind perfekte Voraussetzungen z. B. für eine Abenteuertour oder ein lustiges Spielwochenende mit Freunden, aber nicht für ein Projekt. Die projektmäßige Umsetzung hat vor allem den Sinn, Ihr Vorhaben zu steuern. Dazu müssen Sie festlegen, in welche

Richtung es gehen soll – „Einfach raus aufs Meer!" taugt als Kurs wenig. Wollen Sie weder nutzlose Energie aufwenden noch sich später über enttäuschte Erwartungen ärgern? Sie möchten keine handfesten Gefahren übersehen, sondern sich am Ende ehrlich über Ihren **messbaren Erfolg** freuen? Dann müssen Sie diesen vorher genau festlegen.

Keine große Hilfe wird Ihnen das Projektmanagement sein, wenn Sie beispielsweise lediglich veraltetes Wissen loswerden oder allgemein offen für neue Zugänge werden wollen. Fragen Sie sich alleine oder gemeinsam mit einer vertrauten Person in solchen Fällen besser zunächst: Was möchte ich in der Zukunft konkret erreichen? Oder geben Sie sich einfach die Zeit, dies in Ruhe herauszufinden.

Projektideen resultieren oft aus ähnlichen Situationen: Sie haben

- ❑ ein Problem (z. B. die analoge Kommunikation mit Ihren Kunden wechselt ins Digitale)
- ❑ einen Mangel (z. B. Ihr Job erfordert neue Sprachkompetenzen)
- ❑ ein Defizit (z. B. die Fachdiskussionen im Freundeskreis entgleiten Ihnen)

Oft reagieren Sie auch schlicht auf äußere Umstände: Beispielsweise haben Sie fremde Menschen kennengelernt und Sie wollen sich besser auf deren Sprache und Kultur einstellen. Oder Sie haben so viel Spaß an Ihrem letzten Feng-Shui-Kurs gehabt, dass Sie die Hintergründe verstehen und tiefer in das Thema einsteigen wollen. Vielleicht benötigt eine Person in Ihrem Umfeld neues Wissen in einer besonderen Situation, etwa ein Freund, der Sie um beratende Unterstützung bittet?

 *Beschreiben Sie Ihre derzeitige Ausgangslage mit allen Pros und Kontras. Stellen Sie sich dabei vor, Sie würden einen Brief an Ihren besten Freund verfassen, der Ihre Nachricht während einer Dschungel-Expedition ohne Strom und Telefon liest. Er freut sich riesig darüber, nach langer Zeit von Ihnen zu hören. Allerdings weiß er nicht, was in den letzten Jahren in Ihrem Leben passiert ist, und kann auch nicht zurückfragen. Schreiben Sie Ihre Ausgangslage daher so einfach und klar wie möglich auf, am besten in ganzen Sätzen.*

Worin genau besteht der derzeitige, unbefriedigende Zustand? Seit wann denken Sie schon so? Ist dem ein konkretes Ereignis, ein Schlüsselerlebnis oder eine Entscheidung vorausgegangen? Was geben Sie durch die erwünschte Veränderung auf? Und auf welche Personen in Ihrem Umfeld hätte die Veränderung noch Auswirkungen?

Projekte leben von **Struktur, Zeit** und **Kommunikation.**

Projektmanagement kann strukturiert denkenden Menschen helfen, sich nicht in Details zu verheddern. Viele Planungsmittel sind hoffnungslos überdimensioniert – es gelten daher einige grundlegende Regeln:

- ❏ Komplexität reduzieren
- ❏ möglichst einfach planen
- ❏ nur das planen, was hilfreich und notwendig ist

Statt ausgefeilter Computer-Software und hoch komplizierten Analysen tun es meist schlichte Stichwortsammlungen, Tabellen und Zeichnungen. Weniger strukturiert denkenden Menschen kann das Projektmanagement Sicherheit geben: Es werden Gedanken geordnet, dokumentiert, visualisiert und verständlich heruntergebrochen.

Auch wenn es Ihr persönliches Vorhaben und damit Ihr eigenes Projekt ist – es betrifft nie nur Sie alleine! Dessen Management erfordert daher die **Kommunikation** mit anderen Menschen. Dazu gehört, dass Sie Ihr Projekt erklären oder Unterstützung suchen. Vielleicht müssen Sie z. B. im engen Familienkreis um Zustimmung dafür werben, dass Sie Ihre Zeiteinteilung zugunsten einer künftigen Weiterbildung anpassen. Oder denken Sie etwa an eine Seminar-Exkursion, für die Sie frühzeitig eine passende Betreuung Ihrer Kinder organisieren.

Auch „arbeitet" Ihre geplante Veränderung in Ihnen. Möglicherweise kommen in Ihnen Zweifel über einen gewagten Schritt auf oder Sie müssen Ihre mentale Energie gerade auf viele andere Dinge richten und für Ihr Vorhaben bleibt wenig übrig. Dann geht es um die Kommunikation mit Ihnen selbst: Wie gehen Sie z. B. mit Niederlagen oder Komplikationen um? Welche Fehler verzeihen Sie sich selbst oder wie motivieren Sie sich, am Ball zu bleiben?

Und schließlich verlangt projektorientiertes Arbeiten nach einem **persönlichen Zeitmanagement.** Sich selbst und anderen Deadlines zu setzen und diese einzuhalten, einen Ablauf festzulegen, aber auch flexibel Termine bei Bedarf umzuplanen, zeichnet einen erfolgreichen Projektmanager aus.

Häufig scheitern Projekte an einem der drei Faktoren:

- ❑ die Planung war unzureichend
- ❑ der eigene Zeitplan wurde nicht konsequent befolgt
- ❑ die Kommunikation ist unterschätzt worden

Projektarten – 3 Beispiele aus der Praxis

Projekte gibt es in den unterschiedlichsten Formen und Ausprägungen. Bei Veränderungen, um neues Wissen zu generieren, treten jedoch einige Besonderheiten zutage.

Im Folgenden seien drei typische Beispiele erläutert, die in der Praxis häufig vorkommen: Wollen Sie ein **Teilzeitstudium abschließen,** eine **neue Sprache lernen** oder **einen eigenen Blog aufsetzen?** Für jede dieser Projektarten erhalten Sie im Anschluss praktische Tipps. Aber egal, ob Sie sich dies oder etwas ganz anderes vornehmen – die hier angeführten Vorschläge werden Ihnen dabei helfen. Zudem werden Menschen zu Wort kommen, die diese Vorhaben tatsächlich verfolgt und erfolgreich beendet haben.

Checkliste „Projekt und Projektmanagement"

- ☑ Was ist das Neuartige an meinem Vorhaben, was ich bisher so noch nie gemacht habe?
- ☑ Habe ich ein Bild von der derzeitigen Ausgangslage und bin ich mir bewusst, was ich daran verändern möchte?
- ☑ Bin ich der Typ für projektorientiertes Arbeiten mit Strukturierung, Kommunikation und Zeitplanung?
- ☑ Was hat mein persönliches Vorhaben mit einem oder mehreren der drei Praxisbeispiele gemeinsam?

II MEINE PROJEKTPLANUNG

EINE FRAGE DER TECHNIK

„Gut vorbedacht, schon halb gemacht", so sagt es der Volksmund – und er hat unrecht, zumindest was Projekte anbetrifft. Eine solide Planung ist oft weit mehr als nur die halbe Miete. Darin steckt nicht nur die theoretische Darstellung all dessen, was später gemacht werden soll. Auch das Projektverständnis von Ihnen und allen anderen Beteiligten nimmt zu. Sie steigen tiefer ein in noch nicht durchdachte Bereiche. Sie hinterfragen Dinge, die Sie bislang für selbstverständlich gehalten haben oder die nur von Ihnen, aber nicht von den anderen so gesehen wurden. Mit einer guten Planung reift Ihr Vorhaben weiter, damit Sie später die Ernte einfahren können.

Beginnen Sie damit, Ihre Samen auszusäen!

Ziel und Auftrag – Es beginnt schon vor dem Anfang

Bevor Sie mit der konkreten Umsetzung starten, sollten Sie wissen, was am Ende herauskommen soll. Ein **Ziel** zu finden, damit zu arbeiten und es schließlich zu überprüfen – das hat einen mehrfachen Zweck:

Zum einen ist es motivierend, dieses eigens festzulegen und selbstbestimmt davon auszugehen, was Sie gerne in Ihrer Zukunft hätten. Wie bei jedem Vertrag können Sie auch mit sich selbst nur etwas verbindlich ausmachen, was klar bestimmt ist. Wenn Sie sich ein Ziel setzen, hilft dies oft dabei, sich nicht auf Nebenschauplätzen zu tummeln. Sie können so ganz mit sich im Reinen sein, was (und was nicht!) Sie in welcher Form, Qualität und Menge, aber auch bis wann erreichen sollten.

Planen Sie z. B. einen Japanisch-Konversationskurs zu belegen? Dann ist es jetzt entscheidend, ob Sie sich als Ziel bereits vornehmen, danach mit fließendem Japanisch in Tokio einkaufen gehen zu können, oder dies als erstes Zwischenziel zunächst auf das sinnerfassende Lesen und Hören japanischer Internetbeiträge beschränken. Das hängt u. a. davon ab, was für Sie derzeit am wichtigsten und auch machbar ist. Wie bei einem 400-Meter-Lauf hilft Ihnen die so gekennzeichnete Zielgerade dabei, zunächst einmal überhaupt in die richtige **Richtung** zu sprinten.

Nutzen unabhängig von Ziel?

Dieser Nutzen gilt zum anderen unabhängig davon, ob Sie das Ziel letztlich erreichen oder nicht! Auch wenn Sie nur bis zur Hälfte des Ziels gekommen sind,
können Sie später an dieser Stelle wieder ansetzen und müssen nicht noch
einmal ganz von vorn anfangen. Nicht zuletzt dienen Ziele auch der wirksamen
Selbstkontrolle. Woran erkennen Sie, dass Sie Ihr Ziel erreicht haben? Diese
Frage ist bereits vor dem Start anhand einer genauen Zielformulierung zu beantworten.

Das Ziel festlegen – mehr als eine Absichtserklärung

Ein Ziel ist ein in der Zukunft liegender Zustand, der im Vergleich mit der Gegen-
wart erstrebenswert erscheint. Wohlgeformte Ziele beschreiben daher die Situation, so wie sie (idealerweise) nach erfolgreichem Abschluss Ihres Projektes
von jedem objektiv erkannt werden könnte. Sie erklären weder den Weg dorthin
noch die Tätigkeiten oder Mittel, die dafür benötigt werden – schließlich geht es
bei der Zielformulierung allein um das erfolgreiche Projektende.

Ihr Ziel ist von generell erwünschten (aber akut nicht angestrebten) Zuständen
ebenso zu unterscheiden wie von bloßen Visionen, Träumen, Wünschen oder
Absichten und Hoffnungen. Letztgenanntes kann zwar helfen, Ideen für die Konkretisierung Ihres Vorhabens zu entwickeln, Motivationen zu ergründen oder das
Ziel mit Ihrer Lebenssituation zusammenzubringen. „Ich möchte mich bilden!"
oder „Mein Internetauftritt soll viele Menschen erreichen!" sind Anhaltspunkte.
Wohlgeformte Ziele hingegen sollten der **S.M.A.R.T.-Formel** entsprechen, welche die wichtigsten Kriterien benennt:

❑   konkret **[S]**
❑   messbar/überprüfbar **[M]**
❑   ambitioniert/akzeptiert **[A]**
❑   realistisch **[R]**
❑   terminiert/mit einem Zeitpunkt versehen **[T]**

S.M.A.R.T.

S   SPEZIFISCH   Ist mein Ziel konkret und unmissverständlich?

M   MESSBAR   Wie überprüfe ich, ob das Ziel erreicht wurde?

A   AMBITIONIERT   Ist mein Ziel kraft meiner Leistung zu erreichen?

R   REALISTISCH   Reichen meine Ressourcen für das Ziel aus?

T   TERMINIERT   An welchem Tag soll mein Ziel erreicht sein?

Konkret [S] ist ein Ziel nur dann, wenn es alle Komponenten beinhaltet, die Sie unbedingt erreichen möchten. Wenn Sie in einem Teilzeitstudium bestimmte Kompetenzen erlernen wollen, gehören diese mit in Ihre Zieldefinition. Wenn es Ihnen dabei eher auf den erfolgreichen Studienabschluss an sich ankommt, lassen Sie die konkreten Lernbereiche weg. Bei diesem Punkt geht es darum, was Sie genau wollen. Welche Dinge würden Ihnen rückblickend für ein erfolgreiches Projektende fehlen? Wie schaut dieser Zustand präzise aus, wie fühlt er sich an, wie groß oder klein, laut oder leise bzw. hell oder dunkel ist er?

NLP + COACHING

Achten Sie darauf, nicht zu verklausulieren: Fach- und Fremdwörter sollten genauso vermieden werden wie Abkürzungen, lokale Bezeichnungen oder Slang-Begriffe. Je einfacher Sie sich ausdrücken, desto klarer legen Sie sich selbst auf ein eindeutiges Ziel fest! Auch wenn das Ziel in erster Linie zu Ihrer Selbststeuerung dient und zunächst nur Sie betroffen sind: Lesen Sie es jemandem vor, der möglichst nicht vom Fach ist. Versteht auch er auf Anhieb, worauf es Ihnen ankommt? Falls Sie in die Konkretisierung Ihres Ziels etwas aufnehmen wollen, wozu noch Fakten fehlen, können Sie auch Varianten definieren:

- ❑ ein Mindestziel: „wenigstens 4 neue Soft Skills erlernt"
- ❑ eine Bandbreite: „zwischen 6 und 10 der geforderten Studienleistungspunkte pro Semester erlangt"

Ziel wird noch effektiver

> *„Dass mein Ziel, nebenberuflich etwas Neues studieren zu wollen,*
> *nicht ausreicht, habe ich sehr bald gemerkt.*
> *Nach den Studieneinführungstagen kam irgendwann*
> *die Frage in mir auf, was ich hier genau mache und warum!"*
> (Jasmina, 34, Einzelhandelskauffrau, studiert berufsbegleitend
> Personal und Organisation an einer Fachhochschule)

Überprüfbar [M] ist ein Ziel dann, wenn es bereits alle notwendigen Messkriterien enthält, die später als Maßstab angelegt werden. Je weniger fest umrissen Sie bei dem Punkt „konkret" waren, desto wichtiger ist die exakte Überprüfbarkeit. Bei quantitativen Zielen, in denen Sie konkrete Zahlen genannt haben, ergibt sich das oft automatisch. Wenn Sie beispielsweise mindestens zehn Kommentare jeweils bis zum nächsten Posting auf Ihrem neuen Blog haben möchten, werden Sie die Zielerreichung am Ende mit einem Blick auf die Blog-Statistik feststellen. Wenn Sie aber eine inhaltlich spannende Diskussion anregen wollen, funktioniert diese Messmethode dafür nicht. Im Falle einer solchen qualitativen Zielsetzung sollten Sie die Kriterien ausdrücklich mit in die Zielformulierung aufnehmen. Das kann z. B. mittels Indikatoren geschehen, die Ihnen die Zielerreichung anzeigen: Wollen Sie beispielsweise ein Umweltbewusstsein schaffen, könnten Sie die Zielerreichung an den neu aufgebrachten Ideen oder den Verweisen auf thematisch ähnliche Webpräsenzen in den Leser-Kommentaren festmachen. Haben Sie zum Beispiel vor, während Ihres Studiums eine private Lerngemeinschaft aufzubauen, könnte die Regelmäßigkeit der Studientreffen oder eine konstante Gruppengröße die Zielerreichung anzeigen.

Fragen Sie sich immer, ob Ihnen diese Kriterien bei der Zielüberprüfung genügen würden: Könnten Sie sich stolz vor jemanden stellen mit der Feststellung, Sie hätten das Ziel Ihres Vorhabens erreicht? Schießen Ihnen potenzielle Einwände kritischer Personen in den Kopf à la „Hm, das kann man so nicht sagen!" oder „Woran machst du das denn genau fest?"? Dann ist das oft ein Hinweis auf eine (noch) nicht hinreichend überprüfbare Zielformulierung.

Ambitioniert [A] ist ein Ziel dann, wenn es nicht automatisch oder nebenbei erreicht werden kann, z. B. anlässlich eines anderen Vorhabens oder durch dritte Personen. Erfordert etwa der Studienabschluss eine formale Abschlussprüfung, hat ein Ziel „Masterthesis abgegeben" neben dem Ziel „Studium fertig" wenig Sinn – entweder ist mit dem zweiten Ziel das erste sowieso erreicht oder nur das erste, ohne dass Sie wirklich den gewünschten Abschluss erlangen.

Über den gesamten Projektzeitraum sollten Ehrgeiz und Zielerreichungswille nicht nachlassen. Dabei ist entscheidend, dass Ihr Einfluss auf die Zielerreichung vorherrscht. Andernfalls würde bei der Verfehlung des Ziels immer die Ausrede gelten, der (fehlende oder minderwertige) Beitrag der anderen sei daran schuld. Weder zum „Blogger des Jahres" gekürt zu werden noch ein frei zu vergebendes Studienstipendium zu bekommen, eignet sich daher als Ziel. Der Ausgang von Internet-Abstimmungen oder geheimen Jury-Entscheidungen rangiert außerhalb Ihrer direkten Beeinflussbarkeit.

Ein ambitioniertes Ziel wird nur dann erreicht, wenn Sie es in die Hand nehmen – sonst hinge es von Zufälligkeiten ab, die Sie nicht steuern können.

Des Weiteren sollte Ihr Ziel **realistisch [R]** sein. Sie sollten es nach Ihrem jetzigen Erkenntnisstand zumindest wahrscheinlich erreichen können. Das schließt jene Zustände in der Zukunft aus, die physikalisch nicht machbar sind. Der Plan, jeden Freitagmorgen zu Präsenzterminen Ihres Weiterbildungskurses pünktlich an einen viele Stunden entfernten Studienort anzureisen, wird nach derzeitigem Stand der Verkehrstechnik abwegig anmuten. Unrealistisch ist Ihr Ziel überdies,

Selbst + Fremdbetrachtung Realität
Fristgerecht + ressourcengerecht

wenn die Ihnen zur Verfügung stehenden Mittel (Geld, Kompetenzen, Grundmotivation etc.) oder Ihre frei verfügbare Zeit nicht ausreichen, um den gewünschten Zustand fristgerecht zu erreichen.

Um dies einzuschätzen, können Sie auf Ihre eigenen Erfahrungen, vergleichbare Projekte anderer sowie eine Gesamtaufstellung Ihrer Ressourcen zurückgreifen (vgl. S. 41). Haben Sie etwa bereits dreimal vergeblich versucht, mithilfe von Übungs-CDs oder Fernlehrskripten Kiswahili zu lernen? Dann scheint das Ziel fraglich, dies plötzlich nur mit Online-Tutorials schaffen zu wollen. Oder wollen Sie ohne Vorkenntnisse z.B. direkt in einen teuren Programmierkurs für Fortgeschrittene einsteigen? Das mag einfach und plausibel klingen – vertraut man den Anbietern, die Ihnen den Kurs verkaufen wollen. Aufgrund der nicht nur fachlichen Herausforderungen schaffen dies jedoch die wenigsten. Es handelt sich also auch hierbei um ein unrealistisches Ziel.

Realistische Ziele hingegen berücksichtigen immer den Kontext. Damit ist alles gemeint, was Sie an der Zielerreichung von außen hindern könnte: Ihrem Vorhaben gegenüber bereits im Vorfeld abgeneigte Personen aus Ihrem Umfeld, eine karge Lernumgebung, wie z.B. ein grauer VHS-Seminarraum aus den 1960er-Jahren, oder die gesellschaftlichen Rahmenbedingungen Ihres Vorhabens, wie etwa rechtliche Unklarheiten bei der Anrechnung von schon erbrachten Studienleistungen, um den angestrebten Lehrgang effizient zu verkürzen.

> *„Wie mein Umfeld auf die Idee reagieren wird,*
> *aus meinem vertrauten Handwerk auszubrechen und*
> *eine mehrmonatige Sprach- und Kulturreise zu wagen,*
> *habe ich völlig unterschätzt!"*
> (Timo, 40, Bäcker, lernt Indonesisch, seiner Lebensgefährtin
> aus Singapur zuliebe)

Schließlich sind Ziele stets mit einem **Zeitpunkt [T]** zu versehen. Zu diesem überprüfen Sie die Zielerreichung. Dazu sollten Sie zunächst wissen, wann die Umsetzung Ihres Vorhabens beginnt. Daraufhin können Sie einen realistischen

WELCH FAKTOREN ÄNDERN EINSTELLUNG.

Zeitrahmen bis zu dessen Ende festlegen. Diese Deadline hilft Ihnen, es nicht in schwierigen Momenten „auf Eis zu legen" bzw. zurückzustellen, weil gerade andere Anliegen einfacher, spannender oder dringlicher erscheinen.

Damit Sie Ihre Ziele erreichen, ist vorab genau festzulegen, wie und wann Sie Ihre Ressourcen einsetzen (vgl. S. 41). Letztlich zeigt Ihnen die Terminierung im Verlaufe des Projektes auch, wie weit Sie zeitlich noch vom Ziel entfernt sind. Einen unbestimmten Zeitraum anzugeben, z. B. „im Herbst" oder „Anfang des Jahres", ist daher nicht sinnvoll. Vielmehr bedarf es mindestens eines genauen Tagesdatums. Dabei spielt es keine Rolle, ob Sie sich bei der Berechnung, wie lange Sie für etwas brauchen, zunächst schwertun oder sich sogar verschätzen. Einen Zieltermin aus guten Gründen zu verschieben, ist o. k. – aber nur möglich, wenn Sie ihn vorher bedacht und festgelegt hatten.

Wenn sich z. B. neue Fakten auftun oder sich Ihre Einstellung ändert, können Sie Ihr Ziel für jedes Kriterium der S.M.A.R.T.-Formel auch während des laufenden Projekts anpassen. Wird etwa Ihre Fortbildung aufgrund zu weniger Anmeldungen später beginnen, dann visieren Sie eventuell auch einen späteren Kursabschluss an, indem Sie den Zielerreichungszeitpunkt nach hinten verschieben. Braucht beispielsweise ein guter Freund überraschend Ihre Aufmerksamkeit in der kommenden Zeit, können Sie einzelne Komponenten der Zielkonkretisierung streichen, um weniger persönliche Ressourcen aufwenden zu müssen.

Zwar wird ein Ziel unglaubwürdig, wenn Sie es allzu oft ändern. Reine Quälerei wäre es hingegen, an ihm festzuhalten, obwohl Sie sich zwischenzeitlich sicher sind, dass Sie es nicht erreichen können, dass es mit einer veränderten Sichtweise nicht mehr übereinstimmt oder dass es dem ursprünglichen Zweck nicht mehr dienlich ist. *ZIELBLÖABLÖSUNG*

Schauen Sie sich noch einmal die Ausgangslage Ihrer Projektidee an (vgl. S. 11) und formulieren Sie ein bis drei s.m.a.r.t.e Ziele Ihres Vorhabens schriftlich aus. Bilden Sie dazu ganze Sätze gemäß der Struktur: „Am

XX.XX.XXXX liegt ... in Form von ... vor!" Überprüfen Sie Ihre Formulierung anschließend anhand jedes einzelnen Kriteriums der S.M.A.R.T.-Formel.

Ein wohlgeformtes Ziel vermeidet Negationen wie „nicht", „kein" oder „ohne" ebenso wie Beschreibungen, die eine reine Unterlassung beinhalten. Der Zustand am Ende Ihres Projekts sollte positiv dargestellt werden. Andere Personen sollten die Formulierung leicht verstehen können. Das Studium eines für Sie gänzlich exotischen Fachgebiets würden Sie bestimmt nicht mit den Worten „Kein Aufbaukurs, keine Vertiefungslektüre, keine Spezialisierung!" erklären, oder? Statt „Raus aus der wöchentlichen Diskussionsgruppe in Deutsch!" könnten Sie etwa „4 Monate Konversationsgruppe British English!" notieren und statt „Auf 80 Prozent Muttersprache pro Monat reduziert!" zum Beispiel „Mindestens 20 Prozent nichtmuttersprachliche Gespräche im Monat!". Die Formulierung sollte optimistisch und bestätigend sein. (Fast) jede Negation können Sie sprachlich auch ins Positive wenden. Fragen Sie sich nicht, was alles nicht mehr sein soll bzw. wovon Sie wegwollen. Damit vermeiden Sie eine fluchtgetriebene, wenig motivierende Opferhaltung. Außerdem setzen Sie sich auch gedanklich bereits damit auseinander, was der neue Zustand nach dem Abschluss Ihres Vorhabens gegebenenfalls bedeutet.

Ziele sind so zu fassen, als wären Sie bereits erreicht – obwohl das erst in der Zukunft passiert. Formulierungen mit Modalverben wie „man könnte ...", es sollte ..." oder „ich will ..." haben in Zieldefinitionen ebenso wenig etwas verloren wie Konjunktive im Stil von „ich wäre ..." oder „es hätte ..." bzw. Futur-Formen wie „es sei ..." oder „ich werde ...". Stattdessen beschreiben Sie den künftigen Zustand, als würden Sie ihn am Ende Ihres Projektes positiv feststellen, etwa: „Ich bin Betreiber eines Nachhaltigkeitsblogs!". Dabei geht es nicht um Selbstbetrug – da Sie Ihr Vorhaben erst angehen wollen, weiß niemand besser als Sie, dass das Ziel noch nicht erreicht ist. Vielmehr ist es motivierender, sich den angestrebten Zustand im Ideal vor Augen zu führen, die damit einhergehenden, positiven Emotionen schon jetzt zu genießen und sich bereits darauf zu freuen.

Mich selbst beauftragen – verbindlich zum „Jetzt geht's los!"

Noch mehr als im Arbeitsleben gilt für den Privatbereich: Ein Ziel, das einseitig von jemand anderem vorgegeben oder gar von einem Vorgesetzten verordnet wird, hat wenig Wirkkraft. Ziele sollten miteinander vereinbart werden, damit Sie selbst wie die anderen Beteiligten diese zustimmend mittragen und nicht nur abarbeiten, weil „es eben sein muss". Ein wohlwollendes Einverständnis gegenüber dem Ziel ist genauso notwendig, wenn Sie sich das Ziel eigenverantwortlich selbst setzen. Gerade wenn dies als Reaktion auf etwas geschieht, sollten Sie sich fragen, ob Sie allen Einzelheiten aktiv zustimmen können. Oder wehren sich einzelne innere Stimmen dagegen? Hier hilft es, gute Freunde danach zu fragen, wie diese Ihre Zielsetzung beurteilen: „Passt das Ziel zu mir?", „Traust du mir das Erreichen dieses Ziels zu?"

Rufen Sie sich in Erinnerung, wozu Ihnen das Projekt dient: Welcher **persönliche Zweck** steht dahinter? Versetzen Sie sich gedanklich in die Zeit, nachdem das Ziel erreicht wurde: Was ist jetzt genau anders, wie fühlt es sich an und wie geht es womöglich weiter?

Können Sie einen persönlichen **Wert** für Ihr Vorhaben benennen? Vielleicht handelt es sich um Selbständigkeit, wenn Sie eine Ausbildung beginnen, die nur Sie interessiert, anstatt den Familienbetrieb weiterzuführen. Oder steht für Sie die Kreativität bei der Absolvierung eines Goldschmiede-Kurzlehrgangs im Fokus? Es könnte auch die Autarkie durch das Erlernen der Sprache Ihrer größten Kundengruppe sein, damit Sie nicht ständig eine teure und langwierige Übersetzungshilfe benötigen, oder aber Flexibilität durch erworbene Programmierkenntnisse in unterschiedlichen Systemen, um das jeweils am besten geeignete technische Tool auswählen zu können.

Mitunter ist der Anlass Ihres Projekts nicht allein bzw. nur teilweise von Ihnen selbst bestimmt. Das Erlernen einer weiteren Fremdsprache wegen einer Markterweiterung Ihrer Firma, die zunehmende Social-Media-Kommunikation oder die emotionale Notwendigkeit, das bisherige Leben inhaltlich neu auszurichten, hängen oft auch von anderen Menschen ab. Gerade dann ist es sinnvoll, sich diese **Beweggründe,** Ihre Werte und den Zweck Ihres Vorhabens bei Ihrer Zielformulierung zu vergegenwärtigen (vgl. S. 17).

„Auf traditionelle Werbeflyer-Aktionen und Katalogversendungen haben unsere Kunden kaum noch reagiert. Ich merkte aber schnell, dass es nicht am Interesse lag, sondern am Medium. Deswegen begann ich, sicherheitsrelevante Posts internettauglich aufzubereiten – für mich bislang Neuland.“
(Karl, 52, Verkäufer von Schließschutztechnik für Häuser, postet Sicherheitsthemen auf seiner Firmenhomepage)

Ein Vorhaben, welches in Teilen gegen Ihre Überzeugungen verstößt, werden Sie erfahrungsgemäß nur schwer umsetzen können. Vielleicht wollen Sie für Ihren neuen Blog Videoserien online aufbereiten, weil Sie dies technisch spannend finden? Als womöglich nicht stark digital orientierter Mensch wird dies nicht von Erfolg gekrönt sein, wenn Ihnen die dazugehörige Beobachtung und Wertschätzung der raschen Entwicklungen im Internet wenig Spaß bereiten. Ihren ethischen Standards sollten auch Sie selbst folgen: Hegen Sie innerlich Zweifel an der moralischen Korrektheit Ihres Tuns? Haben Sie zum Beispiel Ihren Großeltern versprochen, dass Sie über die Sommermonate zuhause aushelfen, dann wird der ergatterte Restplatz in einem Trainingskurs zu dieser Zeit Ihnen Gewissensbisse bereiten und den Genuss verhindern – selbst wenn es Ihre Kompetenzentwicklung beflügeln könnte.

Schließen Sie mit sich selbst eine Zielvereinbarung, indem Sie sich Ihr schriftliches Ziel laut vor dem Spiegel vorlesen. Zeichnen Sie es dann gegen und hängen Sie es sichtbar dort auf, wo Sie dieses möglichst oft sehen – z. B. gerahmt auf Ihrem Schreibtisch oder bunt umrandet an Ihrem Badezimmerschrank.

Nutzen Sie einen virtuellen Sprachassistenten in Ihrer Wohnung, können Sie sich zusätzlich Motivationsbotschaften programmieren. Diese werden dann z. B. am Wochenanfang oder zu fordernden Zeiten hoher Projektaktivität automatisch gesendet. Ähnliches können Sie etwa über die Benachrichtigungsfunktion eines Online-Kalenders tun, indem Sie sich selbst mo-

tivierende Erinnerungen schicken lassen. Erfahrungsgemäß wird dies die ersten Male weniger effektvoll sein, da Sie sich an das Einspeichern und Terminieren unmittelbar erinnern. Im weiteren Verlauf werden Sie sich jedoch über eine solche zusätzliche Motivation freuen. Ein „Du machst dieses Projekt, damit … – Und du machst es super! Bleib dran!" bestärkt Sie gerade in Momenten, in denen es wieder einmal schwieriger ist.

Teilen Sie zudem ein oder zwei vertrauten Menschen Ihr(e) Ziel(e) und die Beweggründe dahinter mit. Das sorgt dafür, dass andere gelegentlich interessiert nachfragen, wie weit Sie damit schon gekommen sind. Sie fühlen sich mit Ihrem Ziel dadurch nicht alleine. Zudem verringert dies auch die Chance, dass gerade herausfordernde Ziele irgendwann verblassen oder verschwinden – sich selbst anzuflunkern, ist viel einfacher als Freunde!

Haben Sie mehrere Ziele, empfiehlt es sich, diese in eine **Reihenfolge** zu bringen. Welches Ihrer Ziele hat für Sie Top-Priorität? Welches ist Ihnen wichtiger als andere Ziele – für den Fall, dass Ihre Zeit und Energie doch nicht für alle reichen? Denken Sie bei mehreren Zielen daran, dass nicht nur jedes für sich der S.M.A.R.T.-Formel entspricht. Zusätzlich sollte jedes einzelne auch realistisch im Verhältnis zu den anderen sein. Haben Sie wirklich für alle diese Ziele genügend Zeit, Geld, Kompetenz und Energie? Wenn die unwichtigeren Ziele am Ende Ihrer Liste ohnehin kaum zu erreichen sind, hat eine weitere Verlängerung dieser Liste keinen Sinn. Setzen Sie sich deshalb lieber **wenige ausgewählte Ziele** und nehmen Sie sich die übrig gebliebenen für ein Folgeprojekt vor!

Checkliste „Projektziel und Projektauftrag"

☑ Entsprechen meine Ziele inhaltlich und mit Blick auf meine Motivation genau dem, was mir wirklich wichtig ist?
☑ Genügen meine Ziele den Kriterien der S.M.A.R.T.-Formel?

- ☑ Sind alle Ziele als positive Zustände in der Zukunft ohne Negationen beschrieben?
- ☑ Stehe ich persönlich uneingeschränkt hinter jedem Ziel, ohne moralische Gewissensbisse?
- ☑ Welchem Zweck dient mein Projekt und was passiert nach der Zielerreichung?
- ☑ Habe ich mein ausformuliertes Ziel unterzeichnet, an einem wichtigen Platz positioniert und es anderen Menschen mitgeteilt?
- ☑ Habe ich mehrere Ziele in eine Reihenfolge gebracht?

Ergebnisse und Leistungen – Was soll in welcher Qualität herauskommen?

Ein klar fixiertes Ziel ist vor allem wichtig, um das erfolgreiche Projektende von Beginn an vor Augen zu haben und sich selbst überprüfen zu können (vgl. S. 17). Es sagt Ihnen aber selten unmittelbar, was Sie im Einzelnen tun müssen, um das Ziel zu erreichen. Diese „Kluft" zwischen hehrem Ziel und konkretem Tun wird kleiner, indem Sie einzelne **(Zwischen-)Ergebnisse** auflisten. Damit markieren Sie die notwendigen Schritte auf dem Weg zur Zielerreichung.

Anders als bei einem Ziel sind Ergebnisse nicht s.m.a.r.t., sondern schlicht **messbare Resultate** Ihrer Handlungen. Bevor Sie also „drauf los agieren", gehen Sie in drei gedanklichen Schritten vor:

- ❑ Welche Resultate brauchen Sie auf dem Weg hin zu Ihrem Ziel?
- ❑ Was ist dafür eine sinnvolle Reihenfolge?
- ❑ Welche Handlungen sind auszuführen, um diese Resultate hervorzubringen?

Dadurch fallen alle sonstigen Resultate weg, die für Ihr Ziel unnötig sind.

Die Ergebnisse bestimmen – Zutaten für ein schmackhaftes Mahl

Stellen Sie sich die Auflistung von Ergebnissen wie eine **Zutatenliste** eines Kochrezepts vor: Möchten Sie beispielsweise statt mehrerer kleiner Wochenendkurse demnächst einen durchgehenden Lehrgang besuchen, würde eine solche Ergebnisliste womöglich Folgendes beinhalten:

- ❑ angesparter Urlaub (Wie viele Tage Resturlaub können Sie dafür aufwenden? Oder gewährt Ihnen Ihr Arbeitgeber Bildungsurlaub?)
- ❑ ruhiger Lernplatz zum Vor- und Nachbereiten (z. B. freie Schreibtischzeiten in der gemeinsamen Wohnung)
- ❑ abgestimmte Information über Ihre täglichen Abwesenheitszeiten gegenüber Ihrer Familie und Arbeitskollegen (Wie lange sind Sie weg und wann ausnahmsweise erreichbar?)

Wollen Sie hingegen einen Blog aufsetzen, könnten einige Ergebnisse lauten:

- ❑ vorliegende Internetpräsenz (Programmieren Sie die Website selbst oder nehmen Sie hierfür das Angebot eines Dienstleisters in Anspruch?)
- ❑ erstelltes Webdesign (Wie benennen und strukturieren Sie den Blog? Welche Farben, welche Formatierung und welche Bilder nutzen Sie?)
- ❑ abgeschlossene Verträge über die Webnutzung (Mieten Sie sich bei einem Internet-Provider ein? Buchen Sie eine Web-Betreuung für den Fall, dass einmal technisch etwas schiefgeht?)
- ❑ durchgeführte Suchmaschinenoptimierung (Wie werden Sie online am besten gefunden?)

Anders als beim klassischen Einkaufszettel im Haushalt werden Projektergebnisse grafisch gegliedert. Manche Ergebnisse sind klein und simpel, andere sehr umfänglich und komplex. Einige Ergebnisse sind Zwischenergebnisse von größeren, andere Ergebnisse bauen auf zuvor erbrachten auf. Um diese Zusammenhänge leicht und übersichtlich darzustellen, bietet sich das Zeichnen einer **Gedankenlandkarte** (Mindmap) an. Darauf werden zunächst alle Ergebnisbereiche geschrieben, wie Sie Ihnen spontan einfallen. Diese untergliedern Sie dann weiter in Einzelergebnisse.

Nehmen Sie sich gemeinsam mit Ihrem Kernteam (vgl. S. 52) ein großes Blatt Papier. Zeichnen Sie in die Mitte einen Gegenstand, eine Figur, ein Symbol oder eine Abkürzung – etwas, das Ihr Vorhaben am besten versinnbildlicht. Wollen Sie etwa eine Lernplattform aufbauen, könnte das der Name Ihrer Gruppe oder ein motivierender Lernspruch sein. Haben Sie vor, einen Blog zum Thema internationaler Frieden zu starten, ist eine Regenbogenfahne oder der Schriftzug „PACE" eine Möglichkeit.

Ordnen Sie rund um die Mitte ca. 4–6 Zwischenüberschriften für die größeren Ergebnisbereiche Ihres Projektes an. Bei einem geplanten Zusatzstudium könnten das z. B. „Präsenzzeiten", „Rechtlich-Behördliches", „Lernumgebung" und „Prüfungsvorbereitung" sein. Verbinden Sie die Blattmitte jeweils mit den Zwischenüberschriften. Anschließend ordnen Sie um jede Zwischenüberschrift passende Einzelergebnisse an, die wiederum jeweils mit einer Linie verbunden sind (siehe Abbildung S. 30).

Bei umfangreicheren Ergebnissen, deren Erreichung länger dauert oder viele Schritte erfordert, können Sie nach dem gleichen Schema Zwischenergebnisse darunter gliedern. Damit gestalten Sie die Aufstellung umfassender und genauer. Planen Sie zum Beispiel, für eine Ausbildung zum Landschaftsgärtner im März Anregungen in Marokko zu finden, könnten Sie das unter einer Zwischenüberschrift „Exkursion Marrakesch" gegliederte Ergebnis „praktische Gartenerfahrung vor Ort gesammelt" weiter unterteilen: Damit dieses sinnvoll erreicht werden kann, sollten u. a. ein „Garten-Outfit" und ein „detailliertes Lerntagebuch" ebenso vorliegen wie die Zwischenergebnisse „gebuchter Flug", „reservierte Unterkunft" und „Lernmaterialien in meiner Sprache" etc. Studienwortblatt

Ihre Gedankenkarte wächst somit vom Allgemeinen zum Besonderen, von innen nach außen. Sie sieht vermutlich wie eine unregelmäßige Pflanze aus: Manche Teile sind voll von kleinen Verästelungen, einige bleiben dürr und andere werden zu ganz dicken Ästen.

Auch kann es vorkommen, dass ein Ergebnis zu mehreren Bereichen passt. Ob Sie z. B. bei einem philosophischen Lesekreis das Ergebnis „erlangte Kenntnisse über Nietzsche" dem Ergebnisbereich „Moralphiloso-

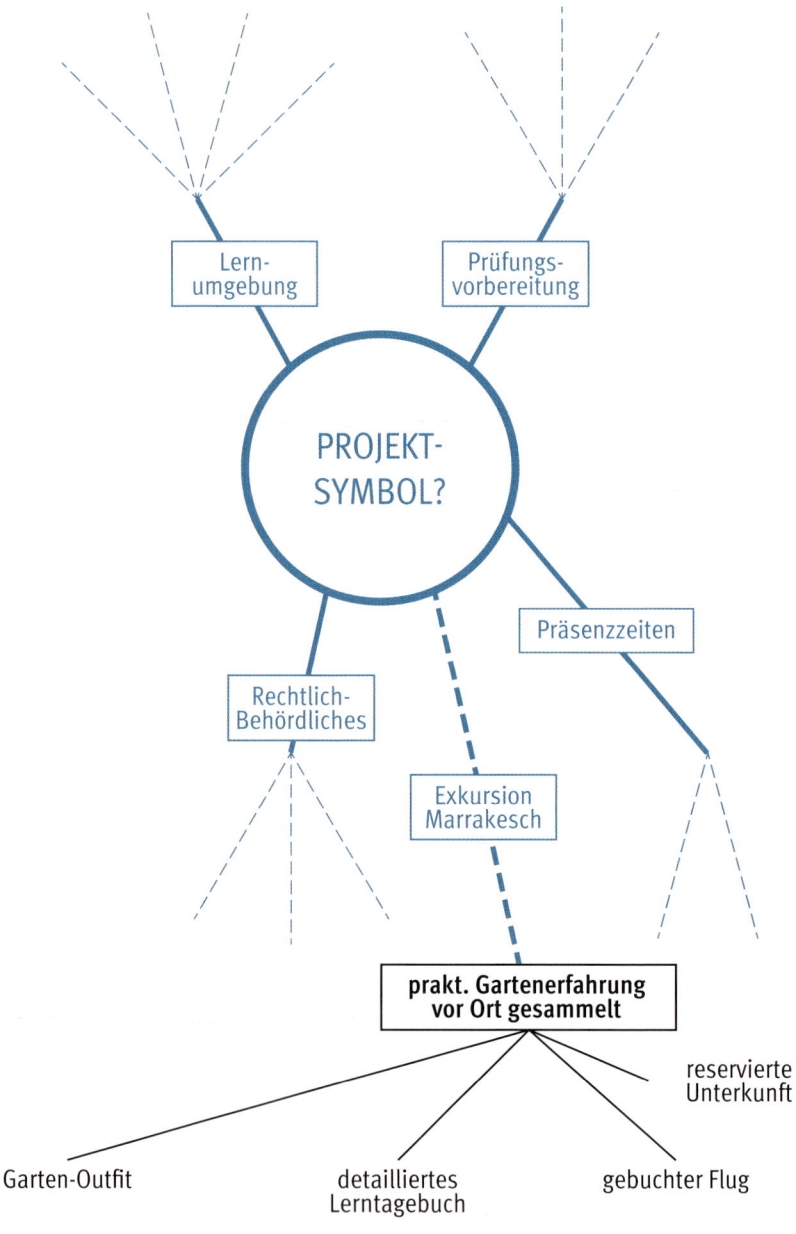

PROJEKT-
SYMBOL?

Lern-
umgebung

Prüfungs-
vorbereitung

Präsenzzeiten

Rechtlich-
Behördliches

Exkursion
Marrakesch

**prakt. Gartenerfahrung
vor Ort gesammelt**

reservierte
Unterkunft

Garten-Outfit

detailliertes
Lerntagebuch

gebuchter Flug

phie" oder „Abend-Präsenztermine" zuordnen, bleibt Ihnen überlassen. Wichtig ist allein, dass Sie keines der Ergebnisse vergessen! Schauen Sie sich am Ende noch einmal Ihre Ziele an (vgl. S. 17). Fragen Sie sich, ob diese automatisch erreicht wären, wenn alle Ergebnisse vorlägen – nur dann haben Sie nichts übersehen.

Ihre Gedankenlandkarte sollte maximal 3–4 Ebenen mit insgesamt 30–40 Ergebnissen aufweisen, da sie sonst unübersichtlich wird. Sie können sie jedoch als Grundlage nehmen, um weitere Detaillisten zu erstellen. Auf diesen ist dann Platz für die nähere Beschreibung der Ergebnisse: Das kann eine bestimmte Art der Dokumentation Ihres persönlichen Studienfortschritts während der Weiterbildung sein, die Anzahl der neu gelernten Vokabeln einer Fremdsprache oder die benötigten Bilder zur Ausschmückung Ihrer Blogbeiträge.

Ergebnisse müssen nicht körperlich greifbar sein, sondern es kann sich auch um Entscheidungen, Erkenntnisse oder mündliche Absprachen handeln. Gehört etwa zu Ihrer Planung eines Fernstudiums dazu, dass Sie sich bestimmte Lernfenster vorab freischaufeln? Dann zählen auch die dazu nötige Besprechung im Familienrat, die Info an Ihren Freundeskreis und gegebenenfalls die Verlegung Ihres damit kollidierenden Bridgeabends zu den notwendigen Ergebnissen.

„Konsequent vom Resultat her zu denken statt vom Tun, war für mich erst schwierig, da in meiner Arbeit die Hands-on-Mentalität im Vordergrund steht. Dennoch habe ich so gesehen, wie viele kleine Zwischenergebnisse überhaupt erforderlich sind, um mein Studium mit Freizeit und Familie unter einen Hut zu bringen!"
(Jasmina, 34, Einzelhandelskauffrau, studiert berufsbegleitend Personal und Organisation an einer Fachhochschule)

Unerheblich ist (noch), wer etwas tun muss, um das jeweils gewünschte Ergebnis zu erbringen. Oft werden das nicht Sie oder Sie alleine sein. Manchmal steuern fremde Stellen sogar einen großen Teil zum Endergebnis bei – wie etwa die von einem Kursanbieter erstellten Lernmaterialien oder die Logo-Gestaltung einer Grafikagentur. Auch spielt es hierbei (noch) keine Rolle, zu welchem Zeitpunkt das jeweilige Ergebnis erbracht wird.

Die Leistungen aufteilen – Was tun in welcher Reihenfolge?

Der Blick auf die **Gedankenlandkarte** macht Ihnen oft erst bewusst, wie viel Leistung notwendig ist, um alle Ergebnisse und damit Ihre Ziele zu erreichen.

Damit Sie sich nicht verzetteln und an tausend kleinen Baustellen gleichzeitig arbeiten, sollten Sie diese Leistungen in Häppchen unterteilen: in handliche **Arbeitspakete.** Auch erfahrene Bergsteiger erklimmen kein riesiges Gebirge, indem sie einfach spontan hinaufwandern – bevor sie losstiefeln, unterteilen sie die Gesamtroute in kleine, machbare Etappen und schätzen ab, ob ihre Kräfte für jede einzelne Etappe reichen.

Nehmen Sie kleine Karteikarten zur Hand. Fragen Sie sich gemeinsam mit Ihrem Kernteam (vgl. S. 52), welche einzelnen Tätigkeiten notwendig sind, um alle Ergebnisse Ihrer Gedankenlandkarte zu erbringen. Dabei ist es unerheblich, ob diese Tätigkeiten durch Sie selbst oder jemand anderen geleistet werden. Lautet beispielsweise eines Ihrer Ergebnisse „3 Posts pro Monat", dann könnte auf einer Karteikarte „Inhalte recherchieren" als Arbeitspaket stehen, auf einer weiteren „fertige Posts online stellen".

Jedes Arbeitspaket muss mindestens mit einem Ergebnis als Resultat einer Tätigkeit abschließen – schließlich arbeiten Sie nicht einfach so vor sich hin! Wenn Ergebnisse eng miteinander verbunden sind oder die Tätigkeiten dafür dieselbe Person ausführt, können Sie auch mehrere Ergebnisse einem Arbeitspaket zuordnen. Falls Sie zum Beispiel ein Lernmodul durcharbeiten wollen, könnten Sie diese Ergebnisse in einem Arbeitspaket zusammenfassen:

- ❑ *„2 besuchte Lehrveranstaltungen zum Thema ..."*
- ❑ *„1 absolviertes Online-Seminar"*
- ❑ *„2 vollständige Durchgänge mit Testfragen"*
- ❑ *„1 bestandene Modulprüfung"*

Somit könnte zusammengefasst auf einer Karteikarte stehen:

- ❑ *„Lernmodul ... abschließen"*

Arbeitspakete können unterschiedlich klein oder groß, kurz oder lang werden. Manche dauern einen halben Tag und beinhalten viele Ergebnisse, andere benötigen viele Wochen und enden mit einem einzigen Ergebnis. Bei der Entscheidung, ob Sie etwas in eines oder besser in mehrere Arbeitspakete unterteilen, ist eine Frage entscheidend: Steht am Ende das Ergebnis für sich und kann isoliert beurteilt werden, ob es korrekt ist?

Wenn Sie für Ihren beabsichtigten Chinesisch-Sprachkurs zum Beispiel das Ergebnis „150 gelernte Schriftzeichen" benötigen, dann besteht dieses typischerweise aus mehreren Elementen wie etwa:

- ❑ *der Beschäftigung mit der Geschichte und Kultur Chinas*
- ❑ *dem Verstehen der Mandarin-Schriftzeichen*
- ❑ *der Aneignung von Lautstruktur und Aussprache*
- ❑ *dem Verständnis, wie Silben und Wörter zusammengesetzt werden*
- ❑ *dem Erlernen der Strichfolge*

Zwar könnten Sie theoretisch für jedes dieser Kapitel ein eigenes Arbeitspaket stricken („Lautstruktur lernen", „Silben verstehen" etc.) – dabei würden Sie jedoch Zusammengehöriges künstlich zerteilen. Die einzelnen Elemente Ihres Gesamtergebnisses werden nur stimmig zueinander sein, wenn sich z. B. Ihr Wissen über chinesische Kultur im Verständnis für bestimmte Schriftzeichen widerspiegelt und die Strichfolge beim Zeichnen zu den jeweiligen Schriftzeichen passt. Wenn also einzelne Teile parallel aufeinander abzustimmen oder stark ineinander verzahnt sind, ist das

Nachdem alle Ergebnisse in handliche Arbeitspakete „übersetzt" sind, bringen Sie diese in eine zeitlich-logische Struktur. Sie müssen dazu noch nicht tagesgenau festlegen, wie lange jedes einzelne Arbeitspaket dauern wird. Jedoch sollten Sie eine grobe Vorstellung davon haben, welches als erstes, welches als zweites und welches womöglich parallel zu einem anderen abgearbeitet wird. Möchten Sie etwa einen 3-semestrigen Masterstudiengang nebenberuflich absolvieren, wird die formelle Einschreibung typischerweise vor Antritt zum mündlichen Abschlusskolloquium liegen, aber erst nach der erfolgreichen Bewerbung um den Studienplatz.

Manche Arbeitspakete bauen auch direkt aufeinander auf. Sie brauchen dann ein Ergebnis aus dem vorangegangenen, um mit dem nächsten Arbeitspaket beginnen zu können. Das Arbeitspaket „Beantragung eines Weiterbildungsgutscheins" für Ihren hochpreisigen Business-Lehrgang beispielsweise wird daher zeitlich vor dem Arbeitspaket „Rateneinteilung der Studienbeiträge organisieren" liegen müssen.

> *„Damit ich mich nicht total verzettele,*
> *hat mir die Struktur von kleinen, zeitlich geordneten Arbeitshäppchen*
> *die Bewältigung des Lernpensums für eine exotische Sprache sehr erleichtert!"*
> (Timo, 40, Bäcker, lernt Indonesisch, seiner Lebensgefährtin
> aus Singapur zuliebe)

Hierbei hilft Ihnen ein **Strukturplan,** der alle Leistungen Ihres Projekts in Form eines übersichtlichen Baumdiagramms darstellt. Die Arbeitspakete werden nicht einfach chronologisch in einer Liste aneinandergereiht, sondern in wenige Phasen zusammengefasst. Diese Phasen bieten eine grobe zeitliche Einteilung der Hauptaufgaben Ihres Projekts und heißen typischerweise:

- ❏ Management
- ❏ Analyse
- ❏ Konzeption
- ❏ Vorbereitung
- ❏ Durchführung
- ❏ Abschluss

Je nach Art des Vorhabens können Sie Phasen weglassen, umbenennen oder weitere hinzufügen. Grundsätzlich sollte jedoch die Anzahl auf 4–6 Phasen mit jeweils 3–10 Arbeitspaketen begrenzt sein. Nur dann können Sie Ihren Strukturplan auf einer Seite darstellen und mit einem Blick erfassen. Die Phasen werden zur Übersichtlichkeit nebeneinandergestellt und die zugehörigen Arbeitspakete darunter gelistet (siehe Abbildung S. 36).

> „
> Gegner von Planung
> sind Freunde des Zufalls.
> "

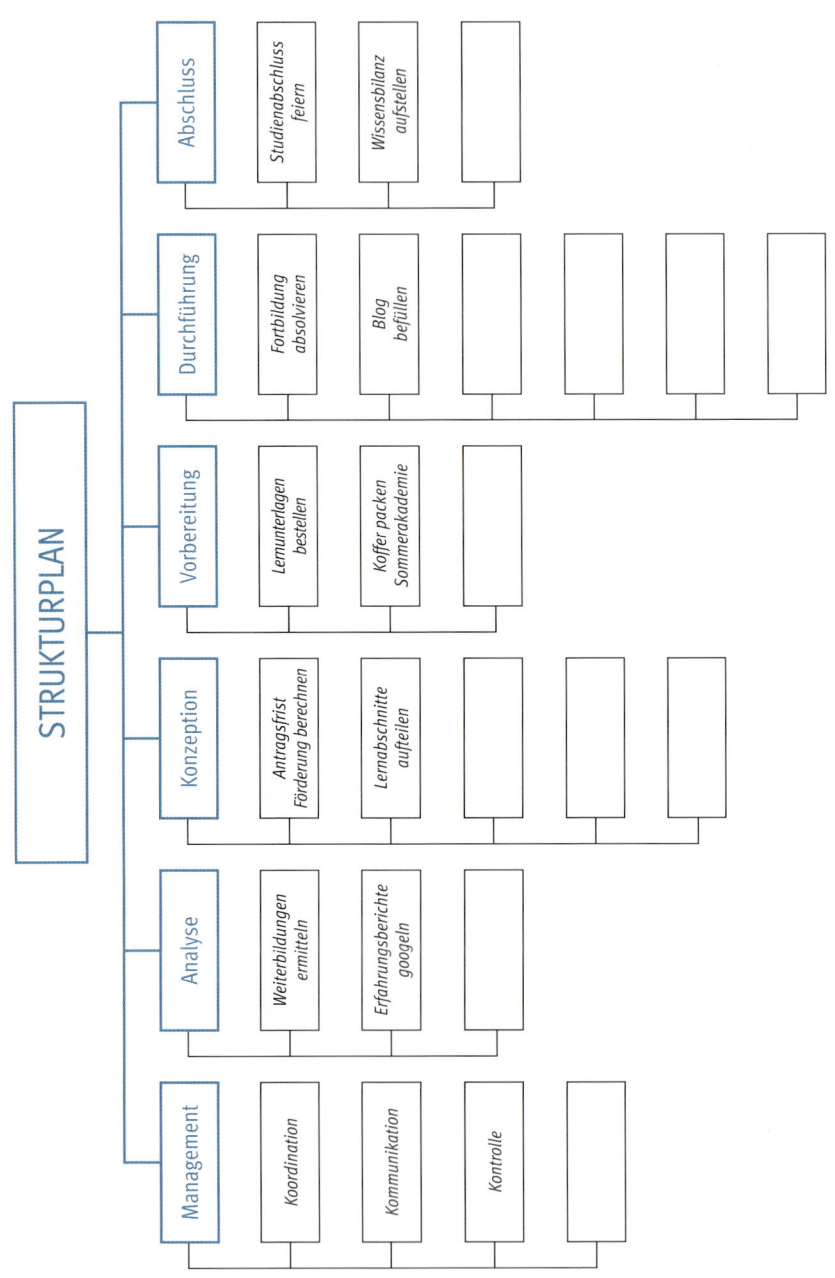

STRUKTURPLAN

Management
- Koordination
- Kommunikation
- Kontrolle

Analyse
- Weiterbildungen ermitteln
- Erfahrungsberichte googeln

Konzeption
- Antragsfrist Förderung berechnen
- Lernabschnitte aufteilen

Vorbereitung
- Lernunterlagen bestellen
- Koffer packen Sommerakademie

Durchführung
- Fortbildung absolvieren
- Blog befüllen

Abschluss
- Studienabschluss feiern
- Wissensbilanz aufstellen

Die erste Phase stellt dabei in zweierlei Hinsicht eine Besonderheit dar: Zum einen haben Sie hierfür noch keine Arbeitspakete aus Ihrem Stapel an Karteikarten gebildet. Zum anderen kommen die Tätigkeiten dieser Phase nicht nur speziell bei Ihrem Vorhaben vor. Vielmehr ist die **Managementphase** reserviert für alles, was allgemein an vorbereitender Planung, Koordinierung, Kommunikation und Strukturierung für jedes Projekt notwendig ist. Dazu gehören zum Beispiel:

- ❑ das Lesen dieses Ratgebers als eine Energie- und Zeitinvestition
- ❑ jegliche schriftliche und mündliche Kommunikation mit anderen beteiligten oder von Ihrem Vorhaben betroffenen Menschen
- ❑ das ständige Abgleichen während des Projektverlaufs, ob Sie z. B. den Zeitplan einhalten
- ❑ die Überprüfung von Ergebnissen aus Arbeitspaketen, die nicht Sie, sondern jemand anderes bearbeitet
- ❑ das gelegentliche Nachjustieren Ihrer Planung
- ❑ die Dokumentation sowie Administration

Wollen Sie zum Beispiel ein unkonventionelles Nachhilfeangebot für sozial benachteiligte Jugendliche in Ihrer Nachbarschaft schaffen, könnte die Überzeugungsarbeit in Ihrem möglicherweise konservativen Familienkreis hier Platz finden. In diese Phase gehört aber auch die Abklärung, ob die zuständigen staatlichen Stellen Ihr Vorhaben als förderungswürdig beurteilen oder ob Sie bei unerwartet starkem Gegenwind aus Ihrem Wohnbezirk Ihre Kommunikation mit den dort ansässigen Familien und Einrichtungen anpassen sollten. Solche übergreifenden Management-Tätigkeiten mögen manchmal wenig spannend erscheinen – dennoch sind sie unabdingbar für:

- ❑ das Zusammenhalten Ihres Projekts
- ❑ die Wahrung des Überblicks
- ❑ die Selbstüberprüfung
- ❑ das Einkalkulieren von Ressourcen für Korrekturen

Deswegen läuft diese Phase als einzige über den gesamten Zeitraum Ihres Projekts. Folglich überschneidet sie sich immer mit den anderen Phasen, denn das Management Ihres Vorhabens ist bis zum Ende hin fortlaufend notwendig.

„Obwohl ich als Inhaber eines Familienbetriebs Allrounder bin,
hätte ich beim Aufsetzen eines wirklich lesenswerten Blogs nie gedacht,
wie viel Zeit und Arbeit auch das ganze Drumherum frisst.
Gut, dass dafür ein Platz vorgesehen ist!"
(Karl, 52, Verkäufer von Schließschutztechnik für Häuser,
postet Sicherheitsthemen auf seiner Firmenhomepage)

In die nächste **Analysephase** gehört all das an Recherche, was Sie im Vorfeld betrieben haben. Hierzu zählen aber auch die Entwicklung von Ideen, die Bewertung von Alternativen und das Aussortieren unrealistischer Varianten. Das könnte z. B. das Ermitteln von passenden Weiterbildungsangeboten sein oder das Googeln einiger Erfahrungsberichte von Absolventen Ihres geplanten Abendstudiums.

In der folgenden **Konzeptionsphase** geht es hauptsächlich um die inhaltliche Planung Ihres Vorhabens. Diese betrifft etwa die Einhaltung einer eventuellen Antragsfrist für eine staatliche oder private Förderung oder aber die Aufteilung von Lernabschnitten über längere Zeiträume. Die weitere **Vorbereitungsphase** beinhaltet beispielsweise das Bestellen von empfohlenen Lernunterlagen aus der Bibliothek oder das Packen Ihrer Koffer für eine Sommerakademie im Ausland. In die anschließende **Durchführungsphase** fällt die tatsächliche Projektumsetzung wie etwa das Absolvieren der Fortbildung oder das Befüllen Ihres Blogs mit Inhalten. In die **Abschlussphase** können Sie beispielsweise die Studienabschlussfeier oder eine Wissensbilanz einordnen.

Nehmen Sie ein DIN-A3-Blatt quer und schneiden Sie sich kleine Handzettel in Karteikartengröße zu. Legen Sie diese zunächst lose als mögliche Phasen nebeneinander. Ordnen Sie dann gemeinsam mit Ihrem Kernteam (vgl. S. 52) Ihre auf Karteikarten notierten Arbeitspakete so unter den Phasen an, dass sie ungefähr gleich verteilt sind.

Am besten gelingt die Aufteilung Ihrer Arbeitspakete, wenn eine neue Phase erst dann startet, wenn alle vorherigen Arbeitspakete vollständig abgeschlossen sind. Ein Arbeitspaket kann sich also innerhalb einer Phase mit einem anderen überschneiden, aber keines sollte über mehrere Phasen andauern. Eine Ausnahme gilt nur für die Management-Phase: Diese erstreckt sich als einzige über die gesamte Laufzeit Ihres Projekts, denn Kommunikation, Koordination, Administration, Kontrolle Ihres Fortschritts sowie Anpassungen Ihrer Planung erfolgen oft bis zum letzten Tag.

Für die erste Management-Phase können Sie nicht auf Ihre vorbereiteten Karteikarten zurückgreifen, da diese keine Management-Ergebnisse enthalten (vgl. S. 28). Entwerfen Sie dazu bitte zusätzlich 4–6 Arbeitspakete mit den für Sie wichtigsten Management-Tätigkeiten.

Oft wird Ihnen mittendrin auffallen, dass sich etwa die zweite und die dritte Phase doch überlappen oder die Reihenfolge Ihrer Arbeitspakete falsch ist. Wenn Sie mit Ihrem Kernteam nicht weiterwissen, ziehen Sie einen Experten hinzu, der bereits mit einem ähnlichen Projekt befasst war. Vor allem bei heiklen Rechts-, Termin- oder technischen Spezialfragen ist es ansonsten schwierig, die Dauer eines Arbeitspaketes auf Anhieb korrekt einzuschätzen.

Sie können auch einen Vertrauten aus dem Familien- oder Bekanntenkreis einen Blick auf Ihren fertigen Strukturplan werfen lassen. Gelingt es Ihnen, kritische Nachfragen zu beantworten und zu erläutern, was sich hinter den knappen Formulierungen des ein- oder anderen Arbeitspaketes verbirgt? Dann zeugt das nicht nur von einem tieferen Projektverständnis. Es kann Ihnen auch den ein oder anderen blinden Fleck in Ihrer Strukturierung aufzeigen.

Nun ist der Masterplan für Ihr Vorhaben fertig! Kleben Sie Phasen und Arbeitspakete auf und bringen Sie abschließend alles an einer gut einsehbaren Wand an.

Außerhalb des Strukturplans können Sie größere, längere oder komplexere Arbeitspakete noch detaillierter aufschlüsseln. Hierzu dienen beispielsweise:

- ❑ ergänzende **To-Do-Listen**
- ❑ Tipps, worauf im Arbeitspaket besonders zu achten ist
- ❑ eine Reihenfolge von mehreren Ergebnissen in einem Arbeitspaket

So könnten Sie z. B. ein Arbeitspaket „Lernmaterialien vorbereiten" hinsichtlich der Medienauswahl konkretisieren (Bücherfernleihe, Skriptenkauf, Web-Tutorials etc.) oder auf deren Lagerungsart, Ablageort und Aufbewahrungsweise näher eingehen.

Checkliste „Projektergebnisse und Projektleistungen"

- ☑ Habe ich sämtliche Ergebnisse für meine Ziele in einer Gedankenlandkarte erfasst?
- ☑ Sind für alle Ergebnisse Arbeitspakete auf Karteikarten geschrieben?
- ☑ Habe ich die Hauptaufgaben meines Projekts in Phasen eingeteilt, ohne dass diese sich zeitlich überschneiden (abgesehen von der Management-Phase)?
- ☑ Sind die Arbeitspakete unterhalb der Phasen in einer zeitlich-logischen Abfolge gelistet?
- ☑ Habe ich meinen Strukturplan von einem Experten und einem Vertrauten gegenlesen lassen?
- ☑ Habe ich ausgewählte (größere, längere oder komplexere) Arbeitspakete zusätzlich konkretisiert?

Ressourcen und Kosten – Was kann und will ich wirklich investieren?

Ihr Projekt verwirklicht sich weder von selbst, noch allein dadurch, dass Sie gewissenhaft alle erforderlichen Schritte vorausplanen. Es braucht vielmehr persönlichen Einsatz, Energie, Kraft, Zeit und oft auch Geld. Alle diese Faktoren sind entscheidend für das Gelingen eines Vorhabens, auch wenn sie nicht immer eins zu eins finanziell abgebildet werden können.

Die Ressourcen definieren – nicht nur Geld und Zeit

Bei der Planung Ihrer Ressourcen berücksichtigen Sie, welche Einsatzmittel Sie überhaupt, in welcher Menge, in welcher Qualität und zu welchen Zeitpunkten benötigen. Unerheblich ist an dieser Stelle, ob die Ressourcen ohnehin bereits vorhanden sind (wie z. B. ein Schreibtisch) und ob jemand anderes für die Kosten aufkommt (z. B. ein Freund, der seine Zeit zur Verfügung stellt). Dazu ist es zweckmäßig, mindestens drei Kategorien zu bilden:

1 Unter die **Personalressourcen** fällt alles an menschlicher Arbeitszeit wie z. B. Ihre eigene, die Ihres Kernteams sowie aller sonstigen Personen, die Sie in Ihr Vorhaben aktiv einbinden (vgl. S. 51).

2 Unter die Kategorie **Sachmittelressourcen** werden sämtliche Materialien, Einrichtungen und Geräte zusammengefasst. So gehören etwa das Textverarbeitungsprogramm für die digitale Erstellung Ihrer Studienarbeiten ebenso dazu wie Heizung, Strom und Wasser für die Räume, in denen Sie lernen oder Teammeetings abhalten. Brauchen Sie für Ihren angestrebten Einstieg in die Welt des Bloggings eine bestimmte Software, zählt diese genauso dazu wie etwa die Kinokarten für Filme in einer neu zu erlernenden Sprache. Die Kategorie umfasst auch eine für Sie wichtige Infrastruktur, wie etwa eine Beratungsstelle für studienrechtliche Fragen Ihr MBA-Programm betreffend oder die Nutzung einer öffentlichen Verkehrsanbindung, um pünktlich zur Vorlesung oder günstig zum wöchentlichen Treffen Ihrer Lerngruppe zu kommen.

Wenn Sie Sachmittel bereits angeschafft haben bzw. auch über Ihr konkretes Vorhaben hinaus (oder daneben) weiterverwenden, ist eine weitere Unterteilung in Investitionsgüter und Verbrauchsgüter ratsam: Investitionsgüter sind beispielsweise Ihr Laptop, mit dem Sie vermutlich auch Ihre private E-Mail-Korrespondenz erledigen, oder Ihr Arbeitszimmer, das nicht allein zu Projektzwecken eingerichtet und danach auch nicht wieder umgebaut wird. Verbrauchsgüter stehen hingegen nach ihrer projektbezogenen Verwendung nicht unverändert für einen weiteren Einsatz zur Verfügung. Das frische Obst für Ihr monatliches Teammeeting etwa wird entweder konsumiert oder beim kommenden Treffen nicht mehr genießbar sein. Auch kann das beidseitig beschriftete Druckerpapier ebenso wenig weiterverwendet werden wie elektrischer Strom nach dem Verbrauch nicht mehr zur Verfügung steht.

„Da ich bisher nie streng wissenschaftlich und über längere Zeiträume studiert hatte, war für mich zunächst nicht klar, wie ich mit meiner persönlichen Energie gerade zu Studienbeginn haushalten sollte – bis ich auch diese als Ressource definierte und so viel besser einteilen konnte!"
(Jasmina, 34, Einzelhandelskauffrau, studiert berufsbegleitend Personal und Organisation an einer Fachhochschule)

3   Die dritte Kategorie betrifft die **persönlichen Ressourcen.** Dazu zählen Ihr gesamtes individuelles Vorwissen und Können, Ihre eigenen Kenntnisse und Erfahrungen sowie Fähigkeiten und Fertigkeiten.

Sie beinhaltet aber auch Haltungen, Persönlichkeitsmerkmale, Stärken sowie soziale Beziehungen und Netzwerke, die Ihnen als persönliches Potenzial zur Verfügung stehen.

Streben Sie beispielsweise eine Ausbildung im Zuge einer beruflichen Umorientierung an, könnte Ihr Interesse darunterfallen, etwas Neues zu erlernen, oder Ihr Wunsch, sich einer Herausforderung zu stellen. Übernehmen Sie in Ihrer Familie gerne den Part, unterschiedliche Meinungen zu vereinen, und im Freundeskreis schlichten Sie erfolgreich Streits? Dann könnten diese kommunikativen und empathischen Fertigkeiten eine wichtige persönliche Ressource für Ihr Projekt darstellen. Sie ließen sich etwa für die Vorbereitung einer Moderation in einem politischen Diskussionszirkel nutzen. Liebäugeln Sie hingegen damit, einen Nachhaltigkeitsblog zu etablieren, so erweisen sich Ihr Umweltbewusstsein und Ihre Schreibbegabung als essenziell. Streben Sie etwa eine mehrmonatige Sprachreise an, gehören alte Kontakte auf dem geplanten Weg oder auch die Mitgliedschaft in einem Online-Fachforum dazu.

Eine der zentralen persönlichen Ressourcen für jedes Vorhaben ist jedenfalls Ihre **Motivation!**

Die Ressourcenplanung ist eine Aufwandsprognose, die sich an Ihrem Strukturplan pro Arbeitspaket ausrichtet (vgl. S. 32). Schauen Sie sich diesen noch einmal an und schätzen Sie, welche Einsatzmittel Ihr Vorhaben benötigt. Bilden Sie auf einem Papier drei Spalten für Personalmittel, Sachmittel und persönliche Ressourcen. Listen Sie darunter die jeweils 5–10 wichtigsten Ressourcen auf. Fügen Sie in Klammern zu jeder Ressource hinzu, in welcher Menge und Qualität Sie diese benötigen. Wird sie nur zu bestimmten Zeiten oder an gewissen Orten gebraucht, vermerken Sie auch das.

So könnte beispielsweise die Personalressource „Peter" mit der Menge „15 Arbeitsstunden" und der Qualität „internetaffin, Multitalent, kreativ" für das Arbeitspaket „Website designen" Ihres neuen Internetforums gebraucht werden. Die Klammerzusätze könnten dann lauten:

❑ *„9.–11. Woche" (zeitbezogen) – wenn diese Arbeitsschritte eher am Ende des Projektverlaufs vorgesehen sind*

❑ *„Großraum Niederösterreich" (ortsbezogen) – falls Sie Peter in der Nähe Ihres Wohnortes persönlich treffen wollen*

Für Ihre eigene Arbeitskraft als Personalressource kann es genügen, Ihre Arbeitszeit während des Projekts abzuschätzen und gleichmäßig zu verteilen. Wie viele Stunden pro Woche können und wollen Sie Ihrem Vorhaben widmen?

Ist eine Ihrer persönlichen Ressourcen etwa „Verhandlungsgeschick", dann erleichtert Ihnen das z. B. das Engagement für eine nachbarschaftliche Lernoase. Sie könnten die anderen davon überzeugen, Sie als innovatives Mitglied des Wohnumfeldes wahrzunehmen. Mit der Menge „3 Mal" schätzen Sie, wie häufig diese Fertigkeit besonders gefragt sein wird. Über die Qualität „Gemeinschaftssinn, ästhetischer Bezug und Kompromissbereitschaft" definieren Sie bereits indirekt, auf welche Aspekte es bei diesem Projekt ankommt. Wenn Sie z. B. als Morgenmuffel früh eher kontaktscheu sind, könnte Ihnen die zeitbezogene Anmerkung „ab mittags" helfen.

Bei der Ressourcenplanung geht es weniger um die Vollständigkeit oder Exaktheit aller denkbaren Einsatzmittel. Viel wichtiger ist es, sogenannte **Engpassressourcen** zu berücksichtigen. Diese kommen selten oder nur knapp vor bzw. sind ad hoc nur schwierig oder kostspielig zu ersetzen. Dabei kann es sich um ein Teammitglied handeln, welches Ihnen aus persönlichen Gründen nur zu einer bestimmten Zeit helfen kann (vgl. S. 52). Oder Sie teilen sich eine Räumlichkeit mit anderen und können diese nur an lange im Voraus festgelegten Tagen nutzen. Es könnte sich auch um ein limitiertes Fachbuch zu einem Spezialthema im Rahmen Ihrer Weiterbildung handeln oder um die dringend benötigte Datenbank, auf die nur bestimmte Menschen Zugriff haben.

Solche Engpassressourcen sollten stets gesondert erfasst und abgesichert werden. Hierfür bedarf es Vorkehrungen. Zeigen Sie zum Beispiel einem guten Freund regelmäßig Ihre Wertschätzung, der als Einziger in Ihrem Bekanntenkreis Ihre Weiterbildungsidee gut findet und Ihnen unverzichtbare mentale Unterstützung bietet. Eine solche Vorkehrung kann aber auch ein Work-out-Programm zur Erhaltung Ihrer physischen Fitness sein. Dieses ermöglicht Ihnen z. B. die exotische, lange Sprachreise durch Südamerika.

Wählen Sie aus Ihrem Ressourcenplan (vgl. S. 41) alle Engpassressourcen aus und kreisen Sie diese fett mit Rotstift ein. Sie selbst kommen dabei mindestens zweimal vor:

❑ *als Personalressource: Falls Sie keine Zeit mehr haben oder im Verlaufe Ihres Projektes gänzlich unpässlich werden, wird dieses kaum gelingen.*

❑ *bei der Motivation als Teil Ihrer persönlichen Ressourcen: Diese wird Sie dazu antreiben, dass Sie das Vorhaben nicht nur wie ein uninteressierter Hilfsarbeiter absolvieren, sondern als zentralen Bestandteil Ihrer Wissensaneignung begeistert mittragen!*

Vielfach zeigt sich bei der Schätzung des eigenen Aufwands erst, wie viel Sie von sich selbst verlangen: wie oft Sie in Arbeitspaketen mitwirken, wie lange Sie zeitlich eingebunden sind oder welche persönlichen An-

forderungen Sie an sich selbst stellen. Nehmen Sie sich nochmals Ihren Projektauftrag zur Hand (vgl. S. 24) und führen Sie sich die Werte, den Nutzen und den Zweck Ihres Vorhabens vor Augen. Besitzen Sie weiterhin die Bereitschaft, so viel dafür zu investieren? Falls Ihnen Zweifel kommen, überlegen Sie zunächst, ob Teile des Inputs von anderen Personen geleistet werden könnten – dazu wäre gegebenenfalls die Arbeitsverteilung im Kernteam anzupassen (vgl. S. 52). Wenn das Vorhaben auch mit einem geringeren Einsatz Ihrerseits verwirklicht werden könnte, wären Gedankenlandkarte und Strukturplan entsprechend anzupassen (vgl. S. 27). Falls das nicht möglich scheint, könnten Sie letztlich die Ziele herabsetzen und so den Umfang des Projektes reduzieren (vgl. S. 17).

Fassen Sie die 3–5 wichtigsten Engpassressourcen in einem Kästchen unterhalb Ihres Ressourcenplans zusammen. Finden Sie jeweils kurze, stichwortartige Begründungen, warum es sich um eine Engpassressource handelt. Fügen Sie dann in Klammern ein bis zwei Vorkehrungen hinzu, wie Sie diese absichern können, zum Beispiel:

- ❏ *einen „Plan B", um wichtige Studieninformationen auf anderem Wege zu bekommen*
- ❏ *eine Person, die notfalls als gleichwertiger Ersatz für eine andere kurzfristig einspringt*
- ❏ *eine regelmäßige Kontrolle, ob die notwendige Verkehrsanbindung zur fernen Kursstätte auch an Fenstertagen und Wochenenden intakt ist*

Die Kosten berechnen – Wofür reicht mein Budget?

Nun fehlen noch die **Finanzressourcen,** die als Budget im Kostenplan beziffert werden. Dieser beinhaltet nicht nur die geplanten Ausgaben wie Käufe oder Zahlungen, Miete, Honorare, Gebühren oder Rechnungen. Auch der finanzielle Wert z. B. Ihrer Arbeitsleistung und der Ihres Kernteams sollte darin auftauchen.

Dies gilt ebenso, wenn jemand ohne direkte Vergütung am Projekt mitwirkt! Legen Sie dafür einen fiktiven (aber realistischen) **Stundenlohn** zugrunde, so wertet das die tatsächlich geleistete Arbeit auf. Diese wird allzu oft als „Freundschaftsdienst" herabgestuft, obwohl sie genauso anstrengend und qualitativ hochwertig ist. Es macht Sie außerdem sensibler für die persönliche Zeit, die insgesamt in Ihr Vorhaben fließt. Auch sind Sie darauf vorbereitet, wenn Sie eine bisher kostenfrei erhaltene Dienstleistung plötzlich kostenpflichtig ersetzen müssen. Was passiert, wenn ein Teammitglied fest zugesagt hat, Ihnen für das erstmalige Verfassen eines Blogbeitrags seine Erfahrung zur Verfügung zu stellen, und Sie müssen diese – z. B. krankheitsbedingt – doch auf dem freien Markt bei einem Online-Consultant zukaufen? Oder Ihre Urgroßmutter passt mit Freude unbezahlt auf Ihre Kinder auf, aber auf einmal kollidiert deren Bingo-Abend mit Ihren wöchentlichen Teamtreffen, weswegen Sie ad hoc einen Babysitter einstellen müssen?

In die **Kostenplanung** gehört jedoch nicht alles, was das Vermögen schmälert. In Ihr Budget fließen nur solche Aufwendungen, welche die Wertschöpfung des Projektes gezielt vorantreiben und während der Laufzeit angefallen sind. Der Kostenplan soll Ihnen bei einer realistischen finanziellen Einschätzung Ihres Vorhabens helfen:

- ❑ Ist es grundsätzlich finanzierbar?
- ❑ Wie viel kann ich wofür ausgeben?

Außerdem dient der Kostenplan als Kalkulationsbasis für die fortlaufende und nachträgliche **Wirtschaftlichkeitskontrolle:**

- ❑ Bin ich noch im Budget?
- ❑ Hat sich die Investition gelohnt?

Deswegen sind zufällig entstandene Aufwendungen keine Projektkosten, auch wenn Sie diese gleichwohl etwas „kosten". Das betrifft ungeplante Sonderausgaben wie z. B. für die Neuanschaffung des virusbefallenen Computers, die Strafgebühr wegen Falschparkens vor dem Kursinstitut oder für den Schaden durch die eingetrocknete Farbe in Ihrem Zeichenkurs für Fortgeschrittene. Ebenso wenig beinhaltet der Kostenplan die Steuernachzahlung nach Projektende oder die vorab angefallenen Ausgaben (Info-Beschaffung, Recherchezeit usw.). Berücksichtigt werden nur diejenigen Kosten, die in der Laufzeit des Projektes liegen. Außen vor bleiben auch Aufwendungen, die sich nicht unmittelbar in Ihren definierten Ergebnissen widerspiegeln (vgl. S. 28). Hierzu zählen etwa Ihre tägliche Ernährung oder Ihre Arbeitszeit neben dem Projekt, mit der Sie das Geld zur Projektfinanzierung (vielleicht in Ihrem bisherigen Job) erwirtschaften. All diese Dinge haben keinen direkten Bezug zur konkreten Wertschöpfung.

„Die Kostenperspektive einzunehmen,
war ich vom ehemaligen Job her zwar gewohnt.
Umso wichtiger war dies gerade für meine
persönliche Investition von Zeit und Geld,
z. B. für das wöchentliche Pendeln zur Hochschule und
die ständige Abstimmung mit allen in der Familie!"
(Jasmina, 34, Einzelhandelskauffrau, studiert berufsbegleitend
Personal und Organisation an einer Fachhochschule)

Es ist hilfreich, wenn Sie auf den ersten Blick erkennen können, welche Kosten wofür angefallen sind. Ähnlich den Kategorien bei den Ressourcen (vgl. S. 41) sollten Sie deshalb die Kosten auf bestimmte **Kostenarten** herunterbrechen. Gängige Kostenarten sind:

- ❑ Personalkosten
- ❑ Materialkosten
- ❑ Fremdleistungskosten
- ❑ Kommunikationskosten

Ganz umsonst
bekommst du gar nichts
– nicht mal dich selbst.

Die ersten beiden lassen sich meist aus den jeweils zugeordneten Ressourcen ableiten (vgl. S. 41). Fremdleistungen sind Leistungen, die Sie von außen zukaufen, wie beispielsweise die kostenintensive Beratung durch Ihre Web-Agentur oder der Sprachreiseleiter, der Sie durch das tibetische Hochland führt. Dazu zählt auch die IT-Schulung, in die Sie investieren, um Ihre neue Website selbst programmieren zu können, oder die chemische Reinigung, die nun alles wöchentlich für Sie wäscht und bügelt. Kommunikationskosten beinhalten Festnetz- und Handygebühren, Porto und Internetzugang sowie Kosten für die Dokumentation (Papierordner, Speicherplatz etc.), Teilnahmegebühren für Networking-Veranstaltungen zu Ihrem Projektthema, Gastgeschenke für potenzielle Mitstreiter oder Einladungen an Experten zu Arbeitstreffen. Auch alle kostenträchtigen Maßnahmen, die Sie für Ihre identifizierten Stakeholder nutzen (vgl. S. 62), fallen in diese Kostenart.

Nehmen Sie ein Blatt Papier im Querformat und bilden Sie darauf die Phasen Ihres Strukturplans ab (vgl. S. 32). Welche Personal- und Sachmittel aus Ihrer Ressourcenplanung generieren in den jeweiligen Arbeitspaketen Kosten in welcher Höhe?

Notieren Sie unter jeder Phase die vier oben genannten Kostenarten und überschlagen Sie jeweils eine konkrete Summe (die nachfolgende Abbildung enthält lediglich einige exemplarische Angaben).

Auch wenn Ihnen dies schwerfallen mag – die Kostenplanung hat nur Sinn, wenn stets ein eindeutig bezifferbarer Wert in Euro dort steht. Anstatt einer Spanne (z. B. 150–300 Euro) wählen Sie lieber einen Mittelwert, wohl wissend, dass er vorläufig ist. Setzen Sie einen Einheitswert für Ihre Arbeitskraft und die Ihrer Teammitglieder fest (z. B. einen Tagessatz von pauschal 300 Euro). Damit können Sie sehr einfach kalkulieren.

Fassen Sie anschließend ganz unten die Kosten jeweils pro Phase zusammen sowie ganz rechts jeweils die Kosten pro Kostenart aus allen Ihren Phasen.

Bilden Sie zuletzt den Wert der Gesamtkosten.

Kostenarten	Management-Phase	Analyse	Konzeption	Vorbereitung	Durchführung	Abschluss	
Personal	...	▸ 7 x 4 Tage à 300 € = 8400 € ▸ ...	...	...	...	...	... €
Material	...	▸ 1 Online-Tutorial zu Bildungstipps = 40 € ▸ Bürobedarf = 60 € ▸ ...	...	▸ 1 Jahreskarte Bibliothek = 60 € ▸ 3 Fachbücher = 130 €		...	... €
Fremdleistung	...	▸ gemeinsames Office = 150 € ▸ 2 Tage Besuch Weiterbildungsmesse = 160 €	...	...	▸ privater Nachhilfeunterricht = 320 € ▸ Lehrgangsgebühren = 1650 €	...	... €
Kommunikation	...	▸ Internetgebühren = 30 € ▸ Handy = 30 €	...	...	...	...	... €
	...	... €	... €	... €	... €	... €	... €

Der Geldbetrag mag durchaus höher sein, als Sie zu Anfang dachten. Vielleicht müssen Sie auch erst einmal kräftig schlucken. Bedenken Sie jedoch, dass es sich hier um den finanziellen Gesamtwert Ihres Vorhabens handelt, nicht um das, was Sie aus eigener Tasche bezahlen müssen!

Ziehen Sie deshalb von diesem Wert jene Kosten ab, die Ihnen nicht oder nur im Ausnahmefall entstehen. Das sind zunächst die Kosten für Ihre Arbeitszeit sowie für diejenigen Menschen, die Sie unentgeltlich bei Ihrem Vorhaben unterstützen. Auch Dinge, die Sie ohnehin bereits besitzen oder

> GELD KANN VIEL –
> DARAN ZU GLAUBEN,
> VIEL MEHR.

als Geschenk erhalten, rechnen Sie heraus. Das könnte ein Bildungsgutschein zu Ihrem Geburtstag sein, der ausrangierte Drucker Ihres Firmenkollegen oder die Finanzspritze Ihres Ehepartners für eine projektbezogene Anschaffung.

Danach jedoch naht die Stunde der Wahrheit. Sie stehen vor zwei entscheidenden Fragen:

- ❑ Trauen Sie sich die Finanzierung des Rests grundsätzlich zu?
- ❑ Ist es Ihnen möglich, das notwendige Geld zum jeweiligen Zeitpunkt während des Projekts bereit zu haben **(Liquidität)?**

Schreiben Sie unter Ihren Kostenplan stichwortartig die Finanzquellen, aus denen sich die Abdeckung der 4–5 wesentlichen Kostenpunkte ergibt, und welche Anteile sie jeweils ausmachen.

Halten Sie in Ihrem Kostenplan unterhalb jeder Phase zusätzlich 3–5 Zeitpunkte fest, zu denen die Zahlung relativ teurer Anschaffungen vorgesehen ist. Welcher größere Geldbetrag fällt im Rahmen welches Arbeitspakets an? Sind Ihre zuvor notierten Finanzquellen realistischerweise im Stande, Ihre Zahlungsverpflichtungen genau zum erforderlichen Zeitpunkt zu erfüllen?

Team und Stakeholder – Das soziale Gefüge nutzen

Projekte haben mit Menschen zu tun und leben von diesen. Damit sind diejenigen Personen gemeint, die als direkt Beteiligte Zeit, Kraft und manchmal Geld hineinstecken. Das kann der Bekannte sein, der Ihr Motivationsschreiben für das Masterstudium checkt, oder Ihre Nachbarin, die Insidertipps für die Community Ihres neuen Blogs gibt. Diese Beteiligten fungieren als sozialer Zusammenschluss für die Dauer des Projekts. Im privaten Bereich beschränkt sich dieser meist auf einen inneren Zirkel von wenigen Personen. Sie interessieren sich für Ihr Vorhaben, weil sie davon selbst finanziell profitieren oder Ihnen etwas Gutes tun wollen.

Andere sind wiederum nur indirekt oder marginal an Ihrem Vorhaben beteiligt. Denken Sie an Ihren Lebenspartner, dem Sie vielleicht für einen bestimmten Zeitraum weniger Aufmerksamkeit widmen können. Die Auswirkungen vorher sachlich zu besprechen, ist eine sinnvolle Sache – sie dann tatsächlich zu erfahren, eine ganz andere! Auch Ihre behördlichen Ansprechpartner sind Projektbeteiligte, z. B. der für die staatliche Studienbeihilfe zuständige Beamte. Ebenso beteiligt ist der befreundete Obmann eines Kulturvereins, der Ihnen mit Rat und Tat zur Seite steht, um im Stadtbezirk einen karitativen Bildungstreff zu etablieren.

„Früher dachte ich: „Mein Projekt" heißt, ich muss alles alleine machen.
In schwierigen Projektsituationen habe ich nicht nur erfahren,
wie bereichernd die Hilfe von anderen ist,
sondern auch den Mehrwert gemeinsamen Lernens schätzen gelernt!"
(Timo, 40, Bäcker, lernt Indonesisch, seiner Lebensgefährtin
aus Singapur zuliebe)

Projekte scheitern oft daran, dass den Beteiligten nicht die nötige Aufmerksamkeit gewidmet wurde oder sie nicht genug Anerkennung erfahren haben. Das gilt im Bereich von privaten Projekten umso mehr. Dort wird die persönliche Beziehung nicht nur enger sein, sie bildet oft auch die Hauptmotivation, bei Ihrem Vorhaben mitzumachen. Wer keinen Business-Status erhalten und kein großes Geschäft machen kann, möchte zumindest Ihre Wertschätzung spüren und erkennen, was er selbst vom Erfolg Ihres Vorhabens hat!

Viele private Projekte werden ausschließlich vom Sachinhalt her durchdacht: Starte ich meine Fortbildung im Frühling oder Herbst? Soll ich mich in unabhängigen Internetforen informieren oder meinem Bekanntenkreis vertrauen? All dies sind wichtige Fragen, die über Ihren Projekterfolg mitbestimmen – entscheidend ist jedoch, dass Sie andere aktiv in Ihr Projekt einbinden.

Das Kernteam – Gemeinsam sind wir stark

Am Anfang jedes Vorhabens steht die Frage, wie Sie die beteiligten Personen koordinieren: Wen brauchen Sie, wer hilft Ihnen und in welcher Rolle? Das Projekt mag Ihr privates Vorhaben sein, womit Sie sich selbst beauftragt und wovon Sie den größten Nutzen haben – die Projektarbeit ist nie nur privat! Projekte verlaufen auch dann im **Teamwork,** wenn Sie selbst die meiste Arbeit hineinstecken. Denn erstens motiviert man sich über einen längeren Zeitraum gegenseitig besser als alleine. Und zweitens ist es ganz selten so, dass sämtliche Fähigkeiten, Kompetenzen sowie Zeit- und Energieressourcen in einer Person verkörpert sind.

Nehmen Sie die 4–6 Ergebnisbereiche Ihrer Gedankenlandkarte (vgl. S. 28) und schreiben Sie diese auf ein großes Blatt Papier. Das kann z. B. bei einem beabsichtigten Fernstudium ein Finanzierungsmodell sein, beim Aufsetzen einer privaten Lernplattform hingegen die Strukturierung in Bildungsfelder. Reihen Sie unter jeden Ergebnisbereich 2–3 Personen, welche diesen entweder ganz oder zum Teil übernehmen bzw. Ihnen dabei helfen könnten. Wenn Ihnen dazu niemand einfällt, schreiben Sie einen Platzhalter hin, wie z. B. „Lerncoach" oder „Vermögensberater". Auch Sie selbst werden dabei (vermutlich mehrfach) vorkommen! Wichtig ist, dass alle Ergebnisbereiche abgedeckt sind.

Nun können Sie sich daranmachen, der Reihe nach Kontakt zu den einzelnen Personen aufzunehmen. Da Freiwilligkeit Voraussetzung ist, werden Sie mit Absagen rechnen und Ihr Projekt schmackhaft machen müssen. Bei guten Freunden können Sie vielleicht „mit der Tür ins Haus fallen". Manche werden Sie mit etwas locken und bei anderen geduldig zuwarten müssen. Eventuell sagt auch erst eine von Ihnen nachrangig gelistete Person zu.

Wenn alle Ergebnisbereiche fix mit ausdrücklichen Zusagen besetzt sind, wählen Sie daraus 3–5 fachlich unterschiedlich ausgerichtete Personen aus. Mit diesen formen Sie Ihr **Kernteam.** Dieses soll Ihnen sowohl bei fachlichen Tätigkeiten als auch bei schwierigen Entscheidungen helfen, die das Gesamtprojekt betreffen. Auch wenn Sie sich während des Projekts im Ausland aufhalten oder nur online verfügbar sind, sollten Sie in Kontakt bleiben. Mit Ihrem Kernteam gehen Sie den ganzen Ablauf durch und beraten gemeinsam die Planung.

Es sollte möglichst verschiedenartig zusammengesetzt sein, um sich gegenseitig zu befruchten. So kann das Kernteam das Neue an Ihrem Vorhaben mit verschiedenen „Brillen" betrachten und Herausforderungen früher erkennen. Bei der Einrichtung Ihres Themenblogs etwa werden dem Juristen auf der einen und der Programmiererin der Website auf der anderen Seite jeweils unterschiedliche Dinge auffallen. Darin besteht gerade deren jeweilige Kernkompetenz, die sie ins Kernteam einbringen.

Ihren zukünftigen **Teammitgliedern** sollten Sie gleich zu Beginn „reinen Wein einschenken": Teammeetings sowie gegebenenfalls die Koordination von sonstigen Mitarbeitern können einen zeitlichen Mehraufwand bedeuten, der über den fachlichen Input der Teammitglieder hinausgeht. Kein Team kann zu Beginn einen vollständigen Masterplan ausarbeiten, der dann nur noch eins zu eins abgearbeitet wird. Vielmehr wird es gelegentlich inhaltliche Anpassungen geben, für die Sie das Kernteam brauchen. Face-to-Face-Treffen können zudem Emotionalität aus angespannten Situationen nehmen und den sozialen Spaßfaktor steigern.

Bringen Sie Ihre potenziellen Teammitglieder zunächst „an einen Tisch" und erzählen Sie von Ihrem Vorhaben. Zwar werden Sie den meisten bereits einzeln vorab davon berichtet haben. Es macht jedoch einen Unterschied, vor allen Anwesenden nochmals öffentlich zu sagen, wer aus Ihrer Sicht weswegen mit im Kernteam ist und was er in das Projekt einbringt. Das gibt dem einzelnen potenziellen Teammitglied die letzte Chance, entweder Nein zu sagen oder sich vor allen eindeutig zum Projekt zu committen.

Wichtig ist, dieses Kick-off nicht bei einem anderen Treffen am Rande zu thematisieren oder mit einem weiteren Thema zu vermischen. Es kann an einem zwanglosen Abend stattfinden, bei dem Sie sich auch über aktuelle Tagespolitik oder das langjährige Wiedersehen unterhalten. Jedoch muss allen deutlich sein, dass es jetzt um die Organisation des Kernteams geht. Ist das allein jemandem zu langweilig oder schweift jemand dauernd ab, liefert Ihnen das bereits Hinweise hinsichtlich der späteren Motivation.

Die Personen Ihres Kernteams sollten nicht nur ausreichend Zeit mitbringen, sondern sich darüber hinaus generell als Teamplayer eignen. Ob alle tatsächlich „miteinander können", zeigt sich zwar erst später in der konkreten Projektarbeit. Wie hoch aber schätzen Sie die Fähigkeit zur (Selbst-)Kritik bei den jeweiligen Personen ein? Wie groß ist schon jetzt die Gefahr, dass zwei Charakterköpfe aneinandergeraten?

Vergleichen Sie auch die unterschiedlichen Interessen der potenziellen Teammitglieder an Ihrem Vorhaben: Will der Bildungsberater der Privatschule Ihnen einen hochpreisigen Lehrgang verkaufen, dem Ihnen bekannten Absolventen hingegen kommt es auf Ihr persönliches Fortkommen an? Lockt die Personalchefin mit dem Inhouse-Schulungsprogramm Ihrer Firma, welches gerade promotet werden soll, oder erkundigt sich Ihr Vorgesetzter danach, welches Zusatzwissen Sie an Ihrem speziellen Arbeitsplatz gut gebrauchen könnten? Haben Sie bereits ein Vertrauensverhältnis zum jeweiligen Teammitglied aufgebaut? Vielleicht bestand in geschäftlichem oder privatem Kontext schon zuvor eine erfolgreiche Zusammenarbeit, aus der Sie Rückschlüsse ziehen können?

Manche Teammitglieder sind eher extrovertierte Menschen, die ihre Teamrolle dementsprechend ausfüllen. Geben Sie ihnen Gelegenheit, vor den anderen kurz ihre Sicht auf Ihr Vorhaben darzustellen. Auch für deren Auffassung von der Zusammenarbeit und von besonderen Herausforderungen sollte Platz sein. Vielleicht möchte der potenzielle Mitstudierende Ihres Diplomlehrgangs etwas zu seinen Lernstrategien sagen? Dann wissen es die anderen Beteiligten auch sofort. Oder aber Ihr Lebenspartner, der Sie bei Ihrem Blogging-Abenteuer unterstützen soll, spricht seine Befürchtungen und Erwartungen an die anderen Teammitglieder aus.

Einzelne Teammitglieder werden unterschiedliche Bindungen und Wünsche haben. Hier kann es helfen, deren Ängste, Einwände und Herausforderungen ohne Bewertung aufzuschreiben. Dadurch sind sie allen bereits frühzeitig bewusst.

Obwohl einige Ihrer Teammitglieder sich vielleicht schon vorher kannten, begegnen sie sich nun erstmals in ihrer neuen Rolle. Das gegenseitige Beschnuppern braucht durchaus etwas Zeit. Könnte ein Teammitglied fachlich auch die Rolle eines anderen annehmen? Dann sollten Sie deutlich machen, wer welche Bereiche verkörpert und welche nicht. Auch später achten Sie auf die klare Einhaltung der Rollenaufteilung. Weil jemand z. B. in seiner **Teamrolle** als Bildungscoach für Ihren mehrmonatigen Kurs Sie währenddessen auch bei Ihrem Familienmanagement beraten könnte, heißt das nicht, dass er auch dafür vorgesehen ist. Einem anderen Teammitglied in dessen Rolle „hineinzufunken", ist unangebracht.

Damit haben Sie sogleich Ihre eigene Rolle eingenommen, welche drei wesentliche Aufgaben beinhaltet:

❑ die Motivation des Kernteams
❑ die Vermeidung von **Rollenkonflikten**
❑ die verlässliche und umsichtige Navigation durch das Projekt (und die Wahrung des Überblicks)

Als Projektleiter betiteln Sie ausdrücklich die Rollen Ihrer Teammitglieder. Bitten Sie beispielsweise Ihre fließend Spanisch sprechende Freundin um ihren Input, wie sie Ihre derzeitigen Anfängersprachkenntnisse einschätzt, so geben Sie ihr die Rolle „Teammitglied: Sprachkompetenz". Legen Sie etwa Wert auf den Ratschlag Ihres weisen Großvaters beim Organisieren einer Kinderbetreuung? Dann können Sie ihm die Rolle „Teammitglied: Familie" zuordnen. Wollen Sie die Schreib- und Organisationsqualität Ihres Kollegen für Deadlines, die Moderation von Teammeetings und die Ablage von Dokumenten nutzen? Dann statten Sie ihn z. B. mit der Rolle „Teammitglied: Assistenz" aus.

„Rollenzuordnungen kannte ich bisher nur von der Aufteilung konkreter Arbeit in meinem Betrieb. Die Idee dahinter leuchtet mir aber genauso für private Projekte ein. Ansonsten hätten viele in guter Absicht versucht, den anderen immer und überall zu helfen, was oft zu Überforderung und Chaos geführt hätte!"
(Karl, 52, Verkäufer von Schließschutztechnik für Häuser, postet Sicherheitsthemen auf seiner Firmenhomepage)

Die Teammitglieder müssen keineswegs alle Ergebnisse selbst oder alleine erbringen (vgl. S. 28). Soll das „Teammitglied: Prüfungsbedingungen" Antworten auf typische Prüfungsfragen mit Ihnen erarbeiten? Dann kann es Inhalte auch über Mitglieder seiner ehemaligen Studiengruppe generieren. Diese gehören dabei nicht zum Kernteam, sondern erledigen als sonstige **Mitarbeiter** punktuelle Einzelaufgaben in Arbeitspaketen. Sie arbeiten so dem Teammitglied oder dem ganzen Kernteam zu (vgl. S. 52).

Zeichnen Sie gemeinsam ein kleines Organigramm mit den betitelten Rollen und den Namen der Beteiligten. Gehen Sie vom Kernteam als dem Herz Ihres Projekts aus und kringeln Sie es ein. Ordnen Sie um jedes Teammitglied gegebenenfalls weitere Mitarbeiter an, sofern Sie diese benötigen.

Es sollten hier nicht alle Personen aufgenommen werden, die „irgendwie" mit Ihrem Projekt in Kontakt kommen. Der Kassierer des Bürobedarfsgeschäfts z. B., in dem Sie Stifte und Blöcke erstehen, ist kein Mitarbeiter. Ebenso wenig ist es der Forenbetreiber, dessen moderierte Artikel Sie für Anregungen durchstöbern. Als Mitarbeiter in Ihrem Projekt gelten nur Personen, die Sie theoretisch gegen andere austauschen könnten, das heißt: auf die Sie Einfluss haben. Kommt es Ihnen nicht auf die konkrete Person, sondern auf die Zusammenarbeit mit einer Institution an, schreiben Sie diese in das Organigramm. Bei „Mitarbeiter: Rechtsanwaltskanzlei" beispielsweise ist es Ihnen egal, welcher Rechtsberater mit Ihnen tatsächlich das medienrechtlich relevante Impressum Ihres Blogs bespricht.

Kreisen Sie anschließend das Teammitglied mit seinen zugehörigen Mitarbeitern ein – und schon haben Sie ein Subteam gebildet.

Das Organigramm für Ihr Vorhaben ist nicht hierarchisch, sondern besteht aus „flachen", sich überschneidenden Kreisen. Wenn Sie Ihr Organigramm um 180 Grad auf den Kopf drehen, ändert sich: … nichts! Niemand arbeitet gerne in einem Projekt mit dem Gefühl, wie in einer Firma durch einen Vorgesetzten kontrolliert zu werden. Deswegen gibt es in Ihrem Pro-

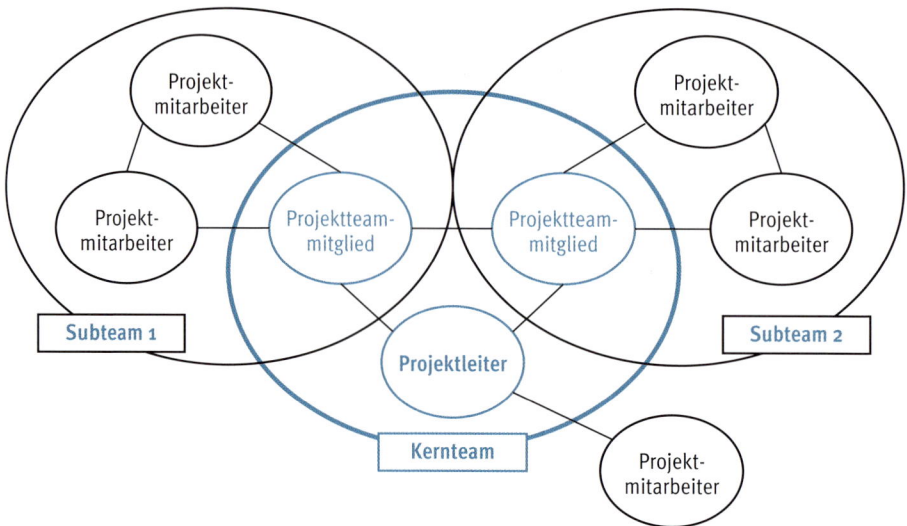

jekt keine Über- und Unterordnungen, sondern Rollenzuordnungen nach Verantwortungsbereichen. Keine Rolle ist per se wichtiger oder besser als eine andere. Wird sie gebraucht, zeichnen Sie sie ein; wird sie nicht benötigt, lassen Sie sie weg.

Immer dann, wenn etwas in Ihrem Projekt „hakt", schauen Sie zunächst auf Ihr Organigramm: Wer ist zuständig? Wer kann fachlich am besten weiterhelfen? – Sie müssen nicht alles selbst tun oder können!

Die vorherige Rollenaufteilung ist aus mehreren Gründen wichtig:

❑ damit alle wissen, welchen Bereich sie „repräsentieren"
❑ damit allen klar ist, was von ihnen im Projekt erwartet wird
❑ zur Motivation durch einen eigenen Verantwortungsbereich
❑ um sich gegenüber ungerechtfertigten Mehraufgaben abgrenzen zu können

Vielleicht kennen Sie das Phänomen, wenn Sie z. B. einmal in einer Abteilung eines Unternehmens gearbeitet haben: Alles, was (im weitesten Sinne) mit der Abteilung zu tun hat, landet auf Ihrem Schreibtisch oder in Ihrem E-Mail-Postfach bzw. dem Ihrer Kollegen. Dann wird begonnen, die Arbeit gleichmäßig unter allen aufzuteilen, obwohl die meisten Kollegen vermutlich schon gut eingedeckt sind. Deswegen arbeiten Projekte mit Rollen, die eindeutig festgelegte Leistungen erbringen. Das „Teammitglied: Organisation" etwa soll gerade nicht alles zum Thema Organisation machen, sich womöglich verzetteln und demotivieren. Es ist nur für bestimmte, vorher festgelegte Ergebnisse verantwortlich (vgl. S. 28) – nicht weniger, aber auch nicht mehr!

> **"**
>
> Talent gewinnt Spiele, aber Teamwork gewinnt **Meisterschaften.**
>
> **"**

Wenn mehrere Teammitglieder oder sonstige Mitarbeiter gemeinsam in einem größeren Arbeitspaket zusammenarbeiten, können Überschneidungen auftreten. Auch grenzen manche Arbeitspakete inhaltlich oder zeitlich aneinander, z. B. weil zwei Bereiche nachher zusammenpassen müssen. Bei einer gemeinsamen Lerngruppe etwa sollte derjenige, der die kommende Sitzung vorbereitet, wissen, welche Inhalte davor und danach von anderen abgedeckt werden. Genauso sollte beispielsweise das Webdesign Ihrer Homepage mit den geplanten Inhalten Ihres Klimaschutzblogs korrelieren: Weder passt dazu ein silbergrauer Hintergrund wie aus dem Luxusverkaufssegment noch können Sie Fachinhalte glaubwürdig mit einem kunterbunten Benjamin-Blümchen-Layout vermitteln.

„Beim Pauken von Prüfungsstoff sitze ich oft als Einzelkämpferin vor den Skripten. Manchmal habe ich deshalb das rechtzeitige Ineinandergreifen von Lerngruppen, Zeitfenstern für Ausgleichssport und Wiederholung in Tutorien während meines Studiums unterschätzt!" (Jasmina, 34, Einzelhandelskauffrau, studiert berufsbegleitend Personal und Organisation an einer Fachhochschule)

Teamwork birgt nicht nur Entfaltungs-, sondern auch **Konfliktpotenzial.** Deshalb muss jedes Arbeitspaket (vgl. S. 32) einem Teammitglied übertragen werden.

Nicht Sie als Projektleiter, sondern dieses Teammitglied zeichnet dafür verantwortlich, dass alle daran Beteiligten effizient zusammenarbeiten. Es behält die Deadline im Auge, kontrolliert das Ergebnis sowie dessen zuvor bestimmte Qualität. Nur wenn das Teammitglied Fragen hat, das Subteam allein nicht weiterkommt oder ein Problem Auswirkungen auf das ganze Projekt hat, wird das Kernteam eingeschaltet. Andernfalls dürfen Sie darauf vertrauen, dass alles wie besprochen arbeitsteilig läuft.

STECKBRIEF

Name + Rolle

► Arbeitspakete (verantwortlich):

► Arbeitspakete (mitarbeitend):

Unterschrift

Lassen Sie jedes Teammitglied einen kurzen Steckbrief erstellen, bestehend aus:

- ❏ *Bild*
- ❏ *Name*
- ❏ *Rolle aus dem Organigramm*
- ❏ *zu verantwortende Arbeitspakete*
- ❏ *weitere Arbeitspakete, in denen eine Mitarbeit erwartet wird*

So ersparen Sie sich nicht nur spätere Diskussionen darum, wer was macht und wofür verantwortlich ist. Es sehen zudem alle auf einen Blick, wer wie viel Arbeit und Verantwortung hat. Es kann jetzt noch umverteilt werden, sollte sich jemand z. B. zu stark beansprucht fühlen. Manchmal fällt auch dadurch erst die Motivation oder eine verborgene Kompetenz eines Teammitglieds auf, die es zusätzlich einbringen möchte.

Bitten Sie jedes Teammitglied zu unterschreiben. Pinnen Sie alle Steckbriefe unter das Organigramm und schicken Sie jedem Teammitglied ein Handybild davon.

Auch wenn die Teammitglieder ihren Platz im Projekt verstanden haben, wird es erfahrungsgemäß eine Zeit dauern, bis alle Rollen verinnerlicht sind. Zum einen arbeitet nicht jeder tagtäglich mit fremden Personen in Teams. Zum anderen werden die Teammitglieder ihre Energie nicht nur in Ihr Vorhaben, sondern meist noch in eigene Dinge wie Familie oder Job investieren. Zwischen mehreren Rollen hin- und herzuschalten, ist gar nicht so einfach! Auch sollten Sie von der freudigen Atmosphäre bei einem anfänglichen Treffen nicht darauf schließen, dass die Teammitglieder bei jedem späteren Teammeeting genauso „entspannt" miteinander umgehen. Wenn Deadlines überschritten wurden oder Missverständnisse im Raum stehen, kann es durchaus emotional werden.

Ihr Kernteam wird anfangs eine **Orientierungsphase** durchlaufen, um persönliches Vertrauen zueinander aufzubauen. Darauf folgt eine **Konfliktphase,** in der die Teammitglieder u. a. Rollenabgrenzungen ausfechten. „Ach was, ich habe bislang gedacht, das gehört zu dir und nicht zu mir!", lautet ein häufiges Missverständnis. Der Mehrwert eines Teams besteht im Teamspirit, der einzig auf die gemeinsame Erreichung des Projektziels gerichtet ist. Das Scheitern eines Teammitglieds ist immer ein Scheitern des ganzen Teams, niemals eines Einzelnen. Teams müssen daher geführt werden. Ihre Rolle als Projektleiter besteht u. a. genau darin. Das bedeutet nicht, dass Sie alle Teamkonflikte lösen – ein gutes Team kann das selbst und wächst daran! Sie halten das Team funktionsfähig, damit Teammitglieder miteinander reden und nicht gegeneinander arbeiten.

Geben Sie unterschiedlichen Ansichten im Kernteam Raum, ohne sich sofort „auf eine Seite zu schlagen". Greifen Sie Kritik, Ideen oder Stimmungen wie ein neutraler Moderator auf und lassen Sie die anderen darüber diskutieren. Versuchen Sie jeden so mitzunehmen, dass er seine Fähigkeiten bestmöglich in Ihr Vorhaben einbringt: Vielleicht sprechen Sie einem Teammitglied Ihr wertschätzendes Lob für eine tolle Idee vor den anderen aus. Oder Sie bedanken sich besonders für seinen Beitrag in einem Vieraugengespräch. Das kann auch über das ernst gemeinte Verständnis für eine persönliche Überreaktion oder eine kleine Aufmerksamkeit in Geschenkform geschehen.

Die Stakeholder – Wen betrifft das Projekt noch?

Über Ihr Organigramm hinaus gibt es Menschen (vgl. S. 58), die indirekt oder am Rande mit Ihrem Vorhaben zu tun haben. Unter solchen sogenannten Stakeholdern versteht man alle Personen oder Gruppen, die sich subjektiv von Ihrem Vorhaben betroffen fühlen und einen Einfluss auf den Erfolg haben. Das können im Falle einer geplanten Bildungsreise zum Beispiel die anderen Teilnehmer sein, die Herbergseltern auf Ihren Etappen oder ein alter Freund, den Sie unterwegs besuchen.

Stakeholder müssen Ihrem Vorhaben nicht immer wohlgesonnen gegenüberstehen. Wollen Sie etwa eine Internetplattform entwickeln, um politische Kontroversen zu thematisieren und gesellschaftlich wachzurütteln, kann auch der negative Kommentator ein Stakeholder sein. Dieser fühlt sich womöglich herausgefordert, seine Meinung mitzuteilen. Auch solche Personen oder Gruppen gehören zu Ihren Stakeholdern, selbst wenn deren Angst vor Ihrem Projekt unbegründet ist. Ihr Studienkollege zählt zu Ihren Stakeholdern, wenn er mit Ihnen um einen Proseminar-Platz für das nächste Semester zu konkurrieren glaubt – auch wenn das gar nicht nötig ist, weil es genügend Plätze gibt.

All diese Stakeholder erbringen keine direkten Projektleistungen in Arbeitspaketen (vgl. S. 32). Sie können Ihr Vorhaben aber behindern, dagegen Stimmung machen oder auch als **Unterstützer** genutzt werden. Dazu sollten Sie diese konstruktiv dort abholen, wo sie sich gedanklich gerade befinden!

Schreiben Sie zusammen mit Ihrem Kernteam ca. 10–15 Personen bzw. Gruppen auf ein großes DIN-A3-Blatt, die entweder einen merkbar positiven oder negativen Einfluss auf Ihr Projekt haben könnten. Markieren Sie auch deren unterschiedliche Einstellungen:

❏ *eher positiv – mit einem grinsenden Smiley, einer leuchtenden Sonne oder einem fetten Plus (+)*

❏ *eher negativ – mit einem schmollenden Smiley, einer grauen Wolke oder einem dicken Minus (–)*

❏ *Mit einem Fragezeichen markieren Sie solche Stakeholder, deren Einstellung noch schwer abschätzbar ist (Wird der Studiengangleiter Rücksicht darauf nehmen, dass ich öfter fehle? Wie wird mein gesellschaftspolitischer Blog in der Internet-Community ankommen?).*

Vielleicht erwarten Sie, dass Teile einer größeren Personengruppe unterschiedliche Haltungen gegenüber Ihrem Vorhaben einnehmen. Erfassen Sie diese besser als zwei Stakeholder. Kommentiert vermutlich etwa ein Teil Ihrer Blogleser Ihre ersten Posts freundlich, der andere Teil eher ablehnend? Dann unterscheiden Sie „gute Kommentare" und „schlechte Kommentare".

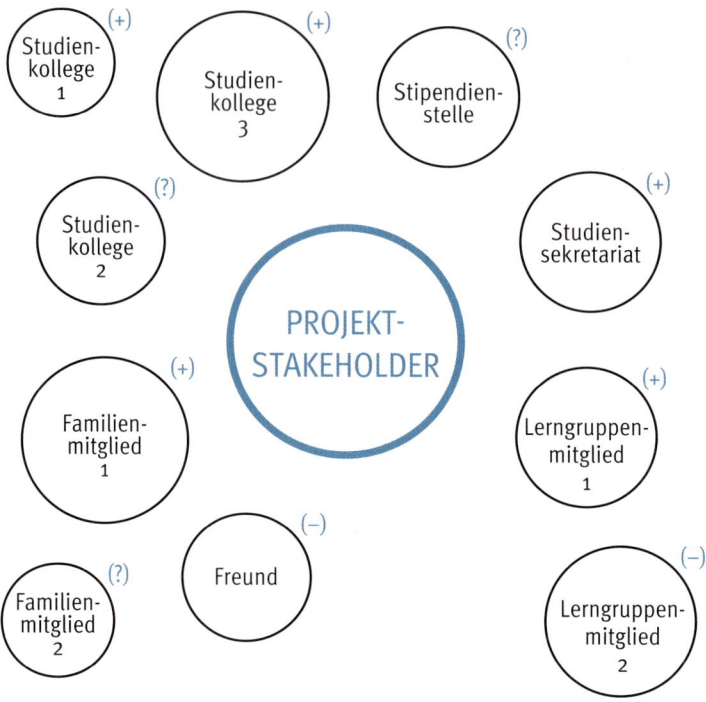

Zeichnen Sie in der Blattmitte einen farbigen Kreis mit Ihrem Projekt-
namen. Gruppieren Sie auf dem oberen Blattteil alle positiven und auf
dem unteren alle negativen Stakeholder. Kreisen Sie anschließend jeden
Stakeholder ein. Dabei zeigt die Kreisgröße an, wie stark der Einfluss auf
Ihr Vorhaben sein wird. Könnte Sie z. B. ein fordernder Prüfer bei einem
schweren Studienstoff durchfallen lassen? Dann ziehen Sie den Kreis um
diesen Stakeholder größer. Wird etwa Ihr Kleinkind vermutlich in der
Studieneinführungswoche grantig reagieren, weil es Sie vermisst, und Sie
etwas mehr Nerven kosten? Dann zeichnen Sie einen engeren Kreis um
diesen Stakeholder.

Gruppieren Sie solche Stakeholder räumlich zueinander, die miteinander
in Beziehung stehen: alle Dozenten, Studienkollegen, Behörden oder
Familie und Freunde etc.

Überlegen Sie sich zuletzt, in welchem Abstand zur Mitte Sie den jeweili-
gen Stakeholder-Kreis platzieren: Je zentraler positioniert, desto direkter
und unmittelbarer hat er mit Ihrem Vorhaben zu tun. Wollen Sie zum Bei-
spiel viele Menschen dafür gewinnen, Ihrem Blog zu folgen? Dann siedeln
Sie Ihre Fans und Follower unweit der Blattmitte an. Ist aber eine unpro-
blematische Information Ihres Arbeitgebers über Ihre geplante nebenbe-
rufliche Fortbildung notwendig, so platzieren Sie den Stakeholder „Perso-
nalabteilung Firma" eher weiter außen.

Lassen Sie im Folgenden alle Stakeholder außer Acht, die zwar desinteressiert oder unzufrieden sind, aber keinen erkennbaren Einfluss auf Ihr Projekt haben. Weder muss jedem gefallen, was oder wie Sie es tun. Noch haben Sie die Ener-gie, alle von der Richtigkeit Ihres Vorhabens zu überzeugen. Je mehr Einfluss jedoch ein Stakeholder darauf hat, desto stärker sollten Sie ihn aktiv in Ihr Vor-haben einbinden, auch wenn Sie das Kraft kostet. So mancher Stakeholder kann unbewusst Ihr Vorhaben behindern. Der Sachbearbeiter einer Studienbehörde kennt vielleicht Ihre besondere Situation nicht, z. B. die Dringlichkeit eines po-sitiven Zulassungsbescheids, um damit baldmöglichst das Visum für ein Aus-landspraktikum zu beantragen.

Für den Umgang mit Stakeholdern ist es unerlässlich, sich in diese und ihre je-weils **subjektive Sicht** hineinzuversetzen. Niemand wird per se etwas gegen Sie oder Ihre Idee haben. Ebenso wird sie keiner uneingeschränkt unterstützen wol-len. Vielmehr haben Menschen oft eigene Interessen und Bedürfnisse, die es zu berücksichtigen gilt. Womöglich stört z. B. eine Bekannte von Ihnen nicht Ihr Plan zum Studium eines gänzlich neuen Fachgebiets an sich, sondern bloß die dyna-mische, weltoffene und veränderungsbereite Art und Weise, wie Sie ihn darstel-len? Oder Ihr Ehepartner fühlt sich von den Auswirkungen Ihrer bevorstehenden 4-monatigen Sprachexkursion auf sein eigenes Leben genervt, obwohl er Ihnen die persönlichen Erfahrungen in der Sache von Herzen gönnt? Womöglich würde ein Verein, der sich für nachhaltige Produkte einsetzt, gerne die bioökonomischen Ideen Ihres neuen Blogs unterstützen – wenn er nur davon wüsste!

Ergänzen Sie Ihre gerade erstellte Grafik um eine Tabelle mit vier Spalten. Listen Sie zusammen mit Ihrem Kernteam in der linken Spalte alle Ihre Stakeholder auf. Beginnen Sie dabei mit denjenigen, denen Sie das größte Interesse an Ihrem Vorhaben zubilligen.

In der zweiten Spalte beantworten Sie für die von Ihnen eher positiv charakterisierten Stakeholder jeweils die Frage: „Welche Vorteile erwartet diese Person oder Gruppe von meinem Projekt und wieso?" Bei negativ eingestellten Stakeholdern überlegen Sie: „Welche Nachteile befürchtet diese Person oder Gruppe von meinem Projekt und wieso?" Nehmen Sie dazu gedanklich die Sichtweise Ihres Stakeholders ein – selbst (und gerade) dann, wenn Sie diese nicht teilen!

Fehlt es Ihnen für eine Einschätzung an Wissen, befragen Sie das Umfeld des Stakeholders oder diesen selbst. Sammeln Sie auch öffentlich zugängliche Informationen oder erinnern Sie sich an Erfahrungen mit dem Stakeholder in der Vergangenheit. Reagiert beispielsweise jemand aus Ihrem engen Freundeskreis verhalten auf Ihre Idee einer mehrmonatigen Sprachreise durch ein Entwicklungsland, fragen Sie diesen direkt, ob und warum er Bedenken hat. Kontaktieren Sie etwa die Botschaft Ihres Landes vor Ort und bringen Sie vor dem geplanten Reisestart in Erfahrung, was sich Ihre mitreisenden Sprachstudierenden davon erwarten.

Stakeholder	Beziehung zum Projekt	Einfluss auf das Projekt	Maßnahmen im Rahmen d. Projekts
Arbeitgeber	*möchte mich als wertvollen Mitarbeiter nicht ersetzen müssen*	*kann Bildungsteilzeit einseitig ablehnen*	*Meeting + Vorschläge, wer wie gut geschult werden kann*
Lerngruppenmitglied 1	*will von mir lernen + gegenseitig profitieren*	*kann mich motivieren oder Lernsitzungen vorbereiten*	*besseres Kennenlernen bei einem sozialen Event + besprechen, welche Lerntypen wir sind*
Studiensekretariat			
....			
....			

Die dritte Spalte ist dem Einfluss des jeweiligen Stakeholders gewidmet. Schauen Sie sich hierfür am besten die Größe des Kreises in Ihrer zuvor erstellten Grafik noch einmal an. Über welche Mittel könnte dieser Stakeholder verfügen und welche Auswirkungen hätte deren Einsatz – im Guten wie im Schlechten? Muss Ihr Arbeitgeber Ihrer geplanten Bildungsteilzeit arbeitsrechtlich zustimmen? Was passiert, wenn er dies nicht tut? Wird die Beziehung zu Ihrer besten Freundin dauerhaft beschädigt, wenn Sie zwei Jahre lang an den Wochenenden studieren und Sie beide nicht mehr samstagnachts die Clubs in der Großstadt unsicher machen können?

Zuletzt tragen Sie in der vierten Spalte ein bis zwei konkrete Maßnahmen je Stakeholder ein: Wodurch können die Erwartungen des optimistischen Stakeholders erfüllt oder die Befürchtungen des skeptischen Stakeholders entkräftet werden? Erwägen Sie z. B. hinsichtlich Ihres neuen Styling-Blogs eine Werbekooperation mit einem lokalen Naturkosmetik-Studio. Oder bringen Sie etwa die Antragsunterlagen persönlich in der Studienbeihilfebehörde vorbei, mit der freundlichen Bitte, diese vorab auf Vollständigkeit mit Ihnen gemeinsam durchzugehen.

Wichtig ist dabei, dass Sie die Maßnahme immer an der subjektiven Sicht Ihres Stakeholders ausrichten. Behalten Sie die Ausführung der Maßnahme selbst in der Hand. Mit „Jemand sollte einmal ...!“ oder „Es wäre schön, wenn ... passiert!“ steuern Sie nichts. Überlegen Sie sich auch, wie viel Energie Sie jeweils einem Stakeholder widmen wollen bzw. können: Welchen Aufwand betreiben Sie dazu realistischerweise? Wie viel an persönlichen Ressourcen stecken Sie neben dem eigentlichen Projekt dort hinein (vgl. S. 41)?

Legen Sie anschließend ein Zeitfenster fest, innerhalb dessen die jeweilige Maßnahme stattfinden soll. Berücksichtigen Sie zuletzt in den Steckbriefen (vgl. S. 58), welche Teammitglieder sich jeweils um die Umsetzung der Maßnahmen kümmern.

Ihre **Stakeholder-Analyse** ist nun zunächst fertig. Die jeweils getroffene Einschätzung kann sich im Laufe des Projektes jedoch als wahr oder falsch erweisen. Möglicherweise ändert sich auch die Sicht des jeweiligen Stakeholders.

Es handelt sich bei all dem stets um eine Momentaufnahme, die auf der Prognose Ihres Kernteams basiert. Im weiteren Verlauf sollten Sie daher regelmäßig beobachten, ob Ihre Einschätzungen immer noch zutreffen. So könnte z. B. ein Stakeholder seine negative Sichtweise auf Ihr Vorhaben verändert haben, weil es Ihnen gelungen ist, ihn für sich zu gewinnen. Möglicherweise verliert ein Stakeholder plötzlich an Relevanz für Ihr Vorhaben (wenn z. B. ein Widerstand wegfällt). Oder es kommt ein weiterer hinzu, den Sie bislang noch gar nicht in Betracht gezogen haben (z. B. meldet sich die Finanzaufsicht, weil Sie mit regelmäßigen Nebeneinkünften aus der kommerziellen Schaltung von Online-Werbung auf Ihrer Website eine Steuerpflicht auslösen).

Selbst wenn Sie nicht alle geplanten Stakeholder-Maßnahmen ausführen sollten, haben Sie sich für das nächste Aufeinandertreffen bewusst gemacht, wie Ihr Stakeholder denkt. Das erleichtert Ihnen nicht nur den Umgang mit ihm. Es schützt Sie auch vor Überraschungen à la: „Oh je, ich habe nie daran gedacht, warum dich das stören könnte!"

Checkliste „Projektteam und Projekt-Stakeholder"

- ☑ Habe ich alle Ergebnisbereiche (gedanklich) mehrfach personell abgedeckt?
- ☑ Welche 3–4 Personen habe ich mir als Mitglieder meines Kernteams ausgesucht und warum?
- ☑ Habe ich mir ein eindeutiges „Ja!" zum Projekt von jedem meiner Teammitglieder eingeholt?
- ☑ Sind die Rollen aller Teammitglieder klar voneinander abgegrenzt und deren Inhalte in Wort und Bild schriftlich festgehalten?
- ☑ Haben alle Teammitglieder meine Rolle als Projektleiter verstanden?
- ☑ Fühle ich mich in meiner Rolle als Projektleiter akzeptiert?
- ☑ Ist die Verantwortung für alle Arbeitspakete unter den Teammitgliedern aufgeteilt?
- ☑ Habe ich Stakeholder identifiziert und mich in deren Sichtweise hineinversetzt?
- ☑ Ist der mögliche Einfluss der Stakeholder klar und mit Maßnahmen flankiert?

Ablauf – mit kleinen Schritten große Sprünge machen

Der Projektbeginn und das Projektende rahmen die **Projektdauer** ein und begrenzen Ihr Vorhaben zeitlich. Mitunter zieht sich ein solches über viele Monate oder gar Jahre hin. Es ist dann bei einer Vielzahl von Phasen und Arbeitspaketen (vgl. S. 32) schwierig, den Gesamtüberblick zu behalten: Bis wann soll genau was passiert sein?

Die Meilensteine – wichtige Etappen auf dem Weg zum Erfolg

Für eine grobe Ablaufplanung bieten sich Meilensteine an. Im alten Rom dienten sie als Entfernungsanzeiger an wichtigen Handelsstraßen. Heute markieren sie zentrale Prüfpunkte im Projekt. Meilensteine geben eine zeitliche Grobstruktur, indem sie den Gesamtverlauf in überprüfbare Etappen unterteilen. Sie zeigen wesentliche Fortschritte an, sodass Sie erkennen können, ob Sie terminlich noch innerhalb Ihrer Planung sind.

Nach Erreichen eines Meilensteins kann auch eine Entscheidung anstehen: Wollen Sie auf Ihren Zertifikatsabschluss wirklich noch einen formellen Mastergrad nach einem weiteren Semester draufsatteln? Unterbrechen Sie Ihr Vorhaben, ein bestimmtes Fremdsprachniveau zu erreichen, nachdem Sie gemerkt haben, dass eine geringere Niveaustufe auch für Ihre Zwecke ausreicht? Ein Meilenstein ist vergleichbar mit einem Straßenschild auf Ihrer Projektautobahn. Sie gehen dort kurz einmal vom Gas und fragen sich, wo genau Sie sich befinden, was Sie bis jetzt erreicht haben und ob die Fahrt noch zu dem gewünschten Ziel führt.

Zumindest am Ende jeder Phase Ihres Strukturplans sollte ein Meilenstein positioniert sein (vgl. S. 32). Das ist nur konsequent, da Sie die Phasen mit gutem Grund überschneidungsfrei eingeteilt haben – erst wenn eine erfolgreich beendet ist, soll die nächste beginnen. Ein solcher Meilenstein könnte lauten: „Konzeption erfolgreich abgeschlossen" oder: „Phase Projektabschluss durchgeführt".

„Ich habe bald ein regelrechtes Motivationsritual daraus gemacht,
meine Meilensteine nach jedem Abschluss
eines großen Studienabschnitts gebührend zu feiern:
Ein Tag in einem tollen Ayurveda-Hotel, ausgiebiges Telefonieren
mit einer von mir vernachlässigten Freundin und ein Abend nur für mich
gehören als Belohnung mit dazu!"
(Jasmina, 34, Einzelhandelskauffrau, studiert berufsbegleitend
Personal und Organisation an einer Fachhochschule)

Meilensteine werden als Ereignis zu einem Zeitpunkt formuliert und besitzen deswegen keine Dauer. „Im" Meilenstein passiert also nichts. Dieser stellt nur fest, dass (zuvor) in den Arbeitspaketen terminlich und inhaltlich korrekt gearbeitet wurde. Sofern Ihr Vorhaben etwa eine formelle Zertifizierung als Projektmanager ist, könnte ein Meilenstein lauten: „Termin Zertifizierungsprüfung fixiert". Ein Meilenstein könnte auch der Abschluss eines ganzen Ergebnisbereichs aus Ihrer Gedankenlandkarte sein (vgl. S. 28). Falls Sie gemeinschaftlich eine Online-Lernserie entwickeln wollen, bietet sich etwa „alle künftigen Vortragenden ausgewählt" an.

Meilensteine müssen nicht zwingend sachlich wichtig sein. Manchmal markieren sie rein symbolische Begebenheiten: zum Beispiel beim Aufsetzen eines Blogs der Tag, an dem er online geht und für alle sichtbar wird, oder beim Studienbeginn das Get-together mit allen künftigen Kommilitonen am Tag des Kick-offs.

In jedem Fall sollten Meilensteine – wenn sie erreicht wurden – gefeiert werden!

Nehmen Sie Ihren Strukturplan zur Hand (vgl. S. 32) und fügen Sie an der jeweils passenden Stelle zwischen den Arbeitspaketen einen Meilenstein ein. Dazu schneiden Sie eine farblich sich von den Arbeitspaketen abhebende Karteikarte in der Mitte durch und stellen diese auf die Spitze wie eine Raute. Ob ein Ereignis einen Meilenstein wert ist, bleibt der Einschätzung durch Sie und Ihr Kernteam überlassen – es gibt hier kein Richtig oder Falsch!

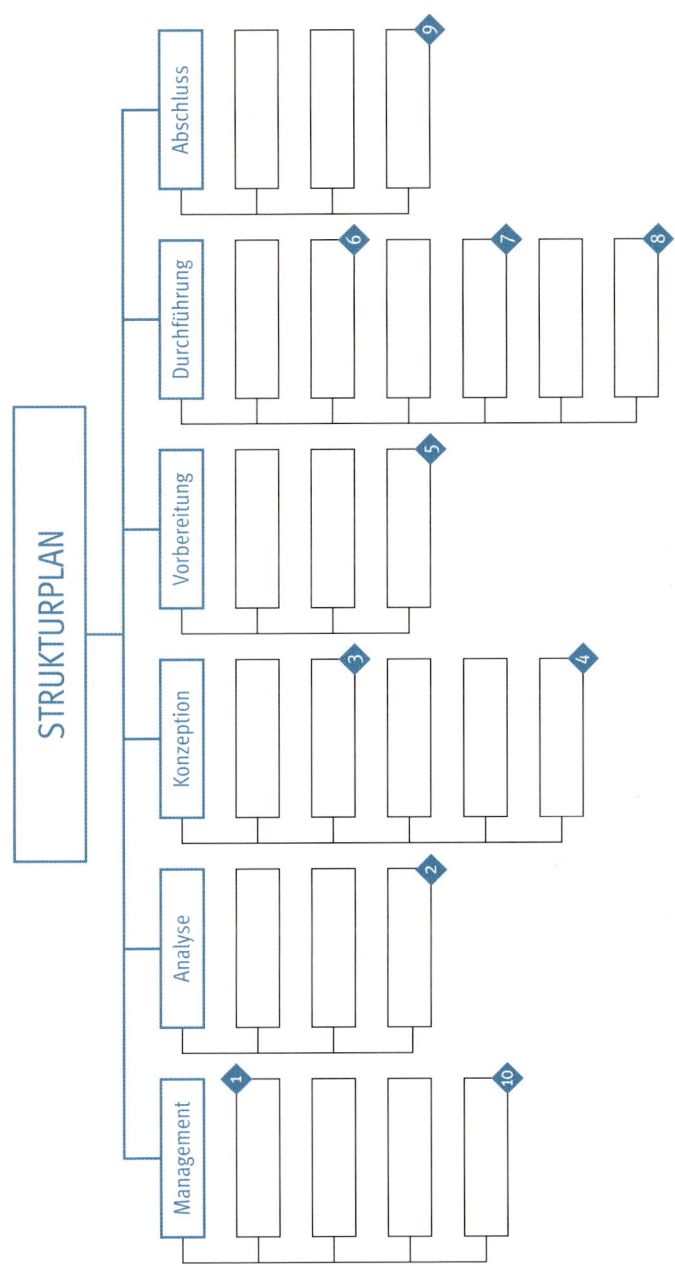

STRUKTURPLAN

Management · Analyse · Konzeption · Vorbereitung · Durchführung · Abschluss

Zwei Meilensteine sind obligatorisch: der Beginn und das Ende Ihres Projekts. Diese Meilensteine stehen also gleich vor dem ersten und nach dem letzten Arbeitspaket in Ihrer ersten Management-Phase. Sie sind terminlich identisch mit dem ersten und dem letzten Tag Ihres Vorhabens. In jedem Fall sind sie es wert, gefeiert zu werden – der Beginn wegen Ihres Entschlusses, das Projekt zu wagen, und das Ende wegen des erfolgreichen Abschlusses!

Auch an das Ende jeder weiteren Phase gehört ein Meilenstein, der den Abschluss eines Projektabschnitts markiert.

Die weiteren Meilensteine können Wochen und Monate auseinanderliegen oder in wenigen Tagen aufeinanderfolgen. Mehr als zehn Meilensteine sollten Sie insgesamt jedoch nicht setzen, da diese sich sonst abnutzen. Schließlich feiern Sie auch nicht jeden Morgen Geburtstag!

Nummerieren Sie die Rauten in Ihrem Strukturplan anschließend chronologisch durch (siehe Abbildung S. 71) und schreiben Sie die Ziffern nacheinander auf ein gesondertes Blatt. Hinter die Nummer jedes Meilensteins notieren Sie dort dessen Bezeichnung sowie ein Datum, an dem er erreicht sein soll. Tragen Sie diese Daten zusätzlich in Ihren Kalender ein und programmieren Sie eine automatische Erinnerung auf Ihrem Handy.

Oft verschafft ein Meilenstein erst einen realistischen Blick darauf, was zuvor alles geschafft werden muss, um ihn fristgerecht zu erreichen. Schauen Sie sich die Arbeitspakete vor jedem Meilenstein noch einmal an: Ist die zeitliche Planung bisher realistisch? Oder könnte eine terminliche Verschiebung von Arbeitspaketen (vgl. S. 32) oder eines Ihrer Ziele notwendig sein (vgl. S. 17)? Braucht es eventuell schon jetzt eine Verlängerung Ihrer Projektdauer?

Der Balkenplan – ein Wasserfall zum Eintauchen

Meilensteine vermitteln einen zeitlichen Überblick über Ihr Projekt. Von einem Meilenstein zum anderen fallen jedoch oft viele unterschiedliche Tätigkeiten in den jeweiligen Arbeitspaketen an. Deren einzelne Dauer kann in Form eines Balkenplans erfasst werden.

Dieser ist nichts anderes als die Abbildung Ihres Strukturplans in zeitlicher Hinsicht: Auf einem Zeitstrahl werden alle Phasen und Arbeitspakete in Form von horizontalen Balken angeordnet – je länger eine Phase oder ein Arbeitspaket dauert, desto länger wird der jeweilige Balken.

„Mir persönlich helfen solche Balkenpläne schon dadurch,
dass ich mich nicht immer durch tausende Datumslisten
mit Terminen kämpfen muss und dann doch einen Zahlendreher drin habe.
Das Zeichnen der bunten Visualisierung macht nicht nur Spaß,
sondern schafft auch schnell Übersichtlichkeit,
wie viele Vokabeln, Grammatikeinheiten oder Lernkapitel ich wann erledigt haben
möchte und wann ich mir verdientermaßen eine Pause gönne!"
(Timo, 40, Bäcker, lernt Indonesisch, seiner Lebensgefährtin
aus Singapur zuliebe)

Schauen Sie sich erneut Ihren Strukturplan an und listen Sie alle Phasen und Arbeitspakete untereinander auf. Schreiben Sie nun jeweils die tagesgenaue Dauer rechts in Klammern daneben. Bei der ersten Management-Phase ist dies einfach, denn deren Dauer ist identisch mit der Gesamtdauer Ihres Vorhabens (vgl. S. 17). Beachten Sie, dass alle weiteren Phasen sich zeitlich nicht überschneiden. Alle Arbeitspakete sollten vollständig erledigt sein, bevor eine nächste Phase startet.

Wenn die Dauer von Arbeitspaketen schwierig einzuschätzen ist, orientieren Sie sich an Ihren Meilensteinen (vgl. S. 73). Können alle vor dem jeweiligen Meilenstein liegenden Arbeitspakete fertiggestellt werden? Greifen Sie auch auf die Hilfe Ihres Kernteams zurück: Das jeweils für ein Arbeitspaket verantwortliche Teammitglied sollte sagen können, wie lange dieser oder jener Arbeitsschritt regelmäßig dauert. Haben Sie bestimmte Arbeitspakete an Mitarbeiter ausgegliedert, sind diese zu befragen. War-

ten Sie z. B. auf die Infos der Studienberatung wegen des abzuschätzenden Arbeitsaufwands, dann erkundigen Sie sich dort, wann regelmäßig mit einer Rückmeldung zu rechnen ist. Soll hingegen Ihre neue Online-Plattform möglichst zu einem Stichtag verfügbar sein, informieren Sie sich bei Ihrem Programmierer, wie lange es inklusive aller Testläufe maximal dauert, bis sie befüllt werden kann.

Beachten Sie, dass diese zeitlichen Schätzungen immer auf einen normalen Ablauf ohne Puffer bezogen sind. Deshalb bilden sie nicht zwingend die tatsächliche Arbeitszeit ab. So zählt z. B. die Wartezeit auf eine Stipendien-Zuerkennung ebenso zur Dauer des betreffenden Arbeitspaketes wie zufällig hineinfallende Feiertage oder Wochenenden – auch wenn dann vermutlich niemand „arbeitet".

Oft entsteht im Team eine fruchtbare Diskussion, wer wie lange für die ihm zugeordneten Arbeiten zur Verfügung haben soll. Dies passiert vor allem, wenn andere auf bestimmte Ergebnisse aus einem vorherigen Arbeitspaket warten oder Teammitglieder sich nur zu gewissen Zeiten in Ihr Vorhaben einbringen können. Dabei sehen auch die anderen, was genau wie lange dauert und warum. Gerade für fachfremde Beteiligte ist dies hilfreich.

Ein solcher Austausch kann aber auch zu weiteren Konsequenzen führen: das Umstricken von Arbeitspaketen oder die Umverteilung von Ressourcen, wenn Sie ansonsten nicht zurechtkommen. Gegebenenfalls ist dann der Strukturplan (vgl. S. 32) oder der Ressourcenplan (vgl. S. 41) anzupassen. Steht die Dauer aller Phasen und Arbeitspakete im Kernteam fest, werden diese nun in Balken aufgeschlüsselt.

 Zeichnen Sie oberhalb Ihrer aufgelisteten Phasen und Arbeitspakete eine horizontale Linie, welche die Gesamtdauer Ihres Vorhabens als Zeitstrahl symbolisiert. Teilen Sie diesen Zeitstrahl in gleichmäßige Abschnitte je nach Projektdauer ein. Als Faustregel gilt:

BALKENPLAN

	KW 12	KW 13	KW 14	KW 15	KW 16	KW 17	KW 18	KW 19	KW 20	KW 21	
Management	▨	▨	▨	▨	▨	▨	▨	▨	▨	▨	
Koordination	▦	▦	▦	▦	▦	▦	▦	▦	▦	▦	
Kommunikation	▦		▦	▦			▦	▦	▦		
Kontrolle		▦	▦			▦	▦	▦			
...											
Analyse		▨									
Weiterbildungen ermitteln		▦									
Erfahrungsberichte googeln			▦								
...											
Konzeption				▨							
Antragsfrist Förderung berechnen				▦							
Lernabschnitte aufteilen					▦						
...											
Vorbereitung								▨			
Lernunterlagen bestellen								▦			
Koffer packen Sommerakademie									▦		
...										▦	
...											
Durchführung											
Fortbildung absolvieren											

- Projektdauer über 1,5 Jahre: Unterteilung in Monate
- Projektdauer zwischen 3 Monaten und 1,5 Jahren: Unterteilung nach Kalenderwochen
- Projektdauer unter 3 Monate: Wochen- oder Tageseinteilung

Für jede Zeile Ihrer Liste zeichnen Sie nun einen Balken über den Zeitraum, der dafür vorgesehen ist. Beginnen Sie am besten mit den Phasen. Der Balken für die erste Phase erstreckt sich als einziger entlang des gesamten Zeitstrahls. Die Balken der anderen Phasen bilden hingegen untereinander versetzt einen Wasserfall von links oben nach rechts unten.

> **Zeit hat man nicht,**
> **Zeit nimmt man sich!**

Unter jede Phase fügen Sie anschließend die Balken für die dazugehörigen Arbeitspakete ein. Diese werden sich zum Teil zeitlich überschneiden oder sogar parallel verlaufen. Am besten verwenden Sie für die Balken der Arbeitspakete und für die der Phasen unterschiedliche Farben.

Wenn Sie Liste, Zeitstrahl und Balken lieber digital erstellen, eignen sich hierfür einfache Tabellenkalkulationsprogramme. Diese sind auch als kostenlose Open-Source-Software im Internet erhältlich. Die digitale Erstellung hat u. a. den Vorteil, dass Sie Anpassungen durch Anklicken und Verschieben der Balken schneller vornehmen können, sollte sich die Dauer einiger Arbeitspakete ändern.

Versenden Sie Ihren fertigen Balkenplan abschließend an das gesamte Kernteam und hängen Sie ihn an ein Pinboard. Beschriften Sie einen roten Papierstreifen fett mit dem Wort „JETZT" oder „HEUTE" und knicken Sie die oberen 5 cm um. Hängen Sie den Streifen oben an die Papierkante Ihres Balkenplans und verschieben Sie ihn regelmäßig auf den aktuellen Stand – langsam, aber sicher wird er von links nach rechts wandern.

Die bloße Länge eines Balkens sagt nichts über die Bedeutsamkeit des jeweiligen Arbeitspaketes und der darin enthaltenen Ergebnisse aus. Sie gibt auch keine Auskunft über Umfang, Kosten oder die Beziehung zwischen den Arbeitspaketen. Eines kann schlicht deswegen länger dauern, weil nur eine bestimmte Person mit Spezialkenntnissen in Teilzeit damit befasst ist, ein winziges Ergebnis zu erbringen. Ein anderes Arbeitspaket kann dagegen sehr kurz sein und es arbeiten darin viele Menschen gleichzeitig mit teuren Materialien.

Die Wichtigkeit von Arbeitspaketen lässt sich jedoch durchaus grafisch berücksichtigen: Balken, die z. B. viele zentrale Ergebnisse beinhalten, fallen entsprechend dicker aus als andere. Auch können Arbeitspakete, deren Ergebnisse aufeinander aufbauen, zusätzlich durch einen Pfeil miteinander verknüpft werden. So lassen sich z. B. der Lernplan für Ihren Prüfungsstoff und eine spätere Probeprüfung in Bezug setzen.

Die Verzögerung bestimmter Arbeitspakete bedeutet möglicherweise auch die Verschiebung späterer Arbeitspakete (und damit oft des gesamten Projekts). Dann empfiehlt sich eine gesonderte Markierung z. B. mit einem Stern oder einem Ausrufezeichen. Wird Ihre Zusage für einen Studienplatz verspätet erteilt, könnte dies etwa Auswirkungen auf Ihren Studienstart und die Einhaltung der Mindeststudienzeit haben.

Checkliste „Projektmeilensteine und Projektbalkenplan"

- ☑ Welche wichtigsten Etappen habe ich identifiziert und wieso?
- ☑ Wurden Meilensteine mit konkretem Datum festgelegt?
- ☑ Welche motivierende Funktion haben meine Meilensteine und wie feiere ich deren Erreichung?
- ☑ Können die Arbeitspakete vor jedem Meilenstein vollständig abgearbeitet werden?
- ☑ Weisen alle Arbeitspakete eine realistische Dauer auf?
- ☑ Welche Arbeitspakete umfassen die meisten Ergebnisse?
- ☑ Welche Arbeitspakete liefern Ergebnisse für spätere? Welche davon führen bei Verzögerung dazu, dass sich andere auch verschieben?

Gefahren – Stolperfallen erkennen und umgehen

Jedes Vorhaben birgt die Gefahr des Scheiterns in sich. Gerade das ist einer der Gründe, eine neuartige Idee in Projektform umzusetzen (vgl. S. 11). Projektmanagement erfordert Planung, Ressourcen und ein strukturiertes Vorgehen. Dieser Aufwand ist nur dadurch zu rechtfertigen, dass das Gesamtrisiko geringer ausfällt als ohne Projekt. Die Projektplanung stellt also in der Sache nichts anderes als ein Risikomanagement dar.

Die Risiken aufspüren und bewerten – Was bedroht das Projekt?

Anders als im allgemeinen Sprachgebrauch bezeichnen Risiken im Projekt nicht alle denkbaren Misserfolge. Als Projektrisiken gelten Ereignisse nur, wenn sie mit einer gewissen Wahrscheinlichkeit eintreten können und derart negativ von der Planung abweichen, dass zumindest ein Ziel gefährdet ist. Ein projektbezogenes Risiko besitzt zum einen eine **Eintrittswahrscheinlichkeit** und zum anderen eine **Schadensschwere** als Folge.

> *„Mich mit Risiken wirklich einmal rational auseinanderzusetzen,*
> *hat mich nicht nur sicherer gemacht,*
> *sondern auch auf viele unbekannte Dinge vorbereitet.*
> *Da dies meine erste Blogging-Erfahrung war,*
> *nahm es mir auch die oft zehrende Angst davor,*
> *alles falsch zu machen oder peinlich zu wirken!"*
> (Karl, 52, Verkäufer von Schließschutztechnik für Häuser,
> postet Sicherheitsthemen auf seiner Firmenhomepage)

Risikoursachen können mannigfaltig sein, zum Beispiel sachlich-inhaltlicher Art: Wegen einer Kursplatzbeschränkung können Sie nicht pünktlich zum nächsten Monat starten. Ein Serverausfall droht Ihre neue Internetplattform zur Diskussion aktueller politischer Themen komplett lahmzulegen. Oder eine strittige Anerkennungsfrage macht es unsicher, ob Ihre Vorkenntnisse studienrechtlich ausreichen, um sich für das weiterführende Aufbauprogramm einzuschreiben.

Ein Risiko aus dem sozialen Bereich könnte etwa die fehlende Zuverlässigkeit Ihres potenziellen Babysitters darstellen, der Ausfall eines krankheitsbedingt angeschlagenen Teammitglieds oder die Unberechenbarkeit einer nur mündlichen Zusage für eine günstige Mitfahrgelegenheit zum abgelegenen Seminarort.

Auch rein projektintern kann sich ein Risiko ergeben: wenn sich beispielsweise durch eine Fehlkalkulation in Ihrem Kostenplan (vgl. S. 45) die anzuschaffende Studienliteratur als teurer herausstellt, wenn ein Datenverlust auf Ihrem Notebook die Planungsunterlagen unwiederbringlich verschluckt oder wenn Sie unerwartet viel Energie für die Betreuung eines Familienmitglieds aufwenden müssen, die Ihnen dann nicht mehr für Ihr Vorhaben zur Verfügung steht.

Risiken sind abzugrenzen von bereits unmittelbar bevorstehenden Problemen oder vorliegenden Schäden. Hat etwa Ihre persönliche Motivation für das Vorhaben stark abgenommen oder ist die im Vorfeld als unsicher eingestufte Studienplatz-Zuerkennung tatsächlich ausgeblieben, sind das keine Risiken. Probleme und Schäden sollten Sie unmittelbar beheben – wie ein Feuer, das sofort gelöscht wird, ohne zuvor die Brandschutzbestimmungen zu hinterfragen.

Im Gegensatz dazu sind Risiken lediglich **Prognosen** für die Zukunft. Die Hoffnung besteht darin, dass deren Eintreten durch geplante Maßnahmen verhindert oder abgefedert wird.

Gefahr erkannt, Gefahr gebannt! Bestimmen Sie 10–15 Einzelrisiken Ihres Projekts. Schildern Sie stichwortartig, inwiefern diese jeweils ein Ziel gefährden können, falls sie sich verwirklichen. Nehmen Sie sich dazu Ihre Stakeholder-Analyse noch einmal zur Hand (vgl. S. 62). Negativ eingestellte Personen oder Gruppen können ebenso ein Risiko darstellen wie Engpassressourcen (vgl. S. 44). Beim Blick auf Ihre Gedankenlandkarte (vgl. S. 28) fragen Sie sich, welche Ergebnisse Ihnen am wichtigsten sind und wodurch deren Erbringung womöglich gefährdet ist. Auch Ihre Ablaufplanung liefert nützliche Hinweise: Arbeitspakete, deren Verzögerung die Verschiebung späterer Arbeitspakete (und damit vielleicht des gesamten Vorhabens) bedeuten können, sind oft risikobehaftet.

Für die Identifizierung von Risiken ist es hilfreich, sich Input von den fachlich kompetenten Teammitgliedern zu holen. Oder Sie wenden sich an andere Kontakte, die Erfahrungen mit ähnlichen Projekten gemacht haben – z. B. an Linguistik- oder Kulturforen bei einem geplanten Sprachkurs oder an einen Lebens- und Sozialberater bezüglich der Frage, wie die Weiterbildung mit Beruf, Freizeit und Familie unter einen Hut zu bringen ist. Auf einer Karrieremesse stehen Ihnen etwa bei einem beabsichtigten Studium meist zahlreiche erfahrene Studienberater, Programmleiter und weitere Gesprächspartner zur Verfügung.

Wirkt sich das Risiko bei negativer Entwicklung nur auf bestimmte Arbeitspakete aus (vgl. S. 32), vermerken Sie dies ebenso. Erschrecken Sie nicht über das hohe Risikopotenzial – schließlich handelt es sich um ein Projekt. Es geht gerade darum, im Vorfeld möglichst viele Risiken zu identifizieren!

Selten werden Sie die Zeit und Ressourcen haben, sich um alle Risiken gleichermaßen intensiv zu kümmern. Daher geht es in einem nächsten Schritt darum, Risiken nach ihrer Wichtigkeit zu ordnen. Hierfür bilden Sie einen **Risikowert** aus der vermuteten Eintrittswahrscheinlichkeit und der angenommenen Auswirkung im Falle eines Eintritts:

❑ Der Eintritt eines Risikos kann etwa sehr wahrscheinlich sein, aber nur geringe Auswirkungen nach sich ziehen: Vielleicht führt z. B. die bekannte Unpünktlichkeit eines Teammitglieds zu ständigen Verzögerungen – aber notfalls könnte es leicht ausgetauscht werden.

❑ Umgekehrt kann der eventuelle Eintritt eines Risikos enorme Auswirkungen haben, die Eintrittswahrscheinlichkeit ist jedoch gering: Die plötzliche Diagnose einer schweren Krankheit ist z. B. aufgrund Ihrer stabilen Gesundheit sehr unwahrscheinlich – sie zwänge Sie aber gegebenenfalls zum Projektstopp.

Nur dann, wenn die Kombination aus **Eintrittswahrscheinlichkeit** und **Auswirkung** beträchtlich ist, rechtfertigt der Risikowert Ihre nähere Beschäftigung damit.

Notieren Sie für jedes einzelne Risiko, wann es im Verlaufe des Projekts am ehesten eintreten könnte und wieso. Könnte dies häufiger oder sogar regelmäßig geschehen, dann vermerken Sie, wie oft. Ordnen Sie darüber hinaus jedes Einzelrisiko auf einer fünfstufigen Skala ein:

- ❏ **Stufe 1** – sehr niedrige Eintrittswahrscheinlichkeit (ca. 15–30%)
- ❏ **Stufe 2** – niedrige Eintrittswahrscheinlichkeit (ca. 30–45%)
- ❏ **Stufe 3** – mittlere Eintrittswahrscheinlichkeit (ca. 45–60%)
- ❏ **Stufe 4** – hohe Eintrittswahrscheinlichkeit (ca. 60–75%)
- ❏ **Stufe 5** – sehr hohe Eintrittswahrscheinlichkeit (ca. 75–90%)

Eintrittswahrscheinlichkeiten unter 15% lassen Sie ganz außer Acht. Solche über 90% sollten Sie hingegen bereits als nahezu sicheres Ereignis werten und sogleich darauf reagieren. In beiden Fällen handelt es sich also nicht um Risiken. Hören Sie bei der prozentualen Einschätzung auch auf Ihr Bauchgefühl!

Im Anschluss verzeichnen Sie in einer weiteren Spalte, welcher Schaden nach Risikoeintritt entstehen würde. Nutzen Sie auch hierfür eine fünfstufige Skala:

- ❏ **Stufe 1** – sehr kleine Auswirkung: etwa eine Terminverzögerung von einem Tag, eine Kostenüberschreitung von wenigen Euro, eine feststellbare Minderung der Ergebnisqualität (z. B. in Form von einem Bildformatierungsfehler in einem inhaltlich guten Blog-Beitrag)
- ❏ **Stufe 2** – kleine Auswirkung: etwa eine Terminverzögerung von wenigen Tagen, eine Kostenüberschreitung von bis zu 5%, eine mit einem Korrekturaufwand verbundene Qualitätsminderung (wie eine mit einer schlechten Note bewertete, aber dennoch bestandene Einzelprüfung im Studienverlauf, die im Wiederholungsversuch verbessert werden könnte)
- ❏ **Stufe 3** – mittlere Auswirkung: etwa eine Terminverzögerung von vielen Tagen, eine Kostenüberschreitung von bis zu 10%, eine verminderte Ergebnisqualität in wichtigen inhaltlichen Bereichen (z. B. ein Vertragsentwurf zur Kooperation mit einem professionellen Web-Texter für Ihre neue Online-Kolumne, der in einigen Punkten nicht den Absprachen entspricht und nachverhandelt werden muss)

- **Stufe 4** – *große Auswirkung:* etwa eine Terminverzögerung von Wochen, eine Kostenüberschreitung von bis zu 25%, qualitativ nicht akzeptable Ergebnisse (wie ein ausgefallenes Pflichtpraktikum, welches erst im kommenden Semester nachgeholt werden kann und zu Verzögerungen im gesamten Ausbildungsablauf führt)
- **Stufe 5** – *sehr große Auswirkung:* etwa eine Terminverzögerung von vielen Wochen oder gar Monaten, eine Kostenexplosion von über 25% oder ein völlig unbrauchbares Ergebnis (z. B. das Nichtbestehen des letzten Prüfungsversuchs für das Abschlussmodul, was den Studienabbruch zur Folge hat)

Je nach Kontext Ihres Vorhabens kann die Einordnung in die beiden Skalen unterschiedlich sein. Warten Sie etwa auf einen Bescheid von der staatlichen Studienbeihilfenbehörde für Ihr angestrebtes Zweitstudium, mögen Verzögerungen von Wochen als normal bewertet werden. Die ausstehende Zusage einer gratis zu nutzenden Räumlichkeit für die konstituierende Erstversammlung Ihres neu zu gründenden Bildungsvereins am kommenden Wochenende mag dagegen ein katastrophales Risiko darstellen.

Wenn Sie abschließend die beiden Skalenwerte pro Risiko miteinander multiplizieren, erhalten Sie den jeweiligen Risikowert!

RISIKO	Eintrittswahr-scheinlichkeit	Auswirkung (Schaden)	Risikowert	Gegen-maßnahmen
keinen Kursplatz erhalten	3	5	15	• *Voraussetzungen auf Kursseite prüfen (am XX.XX.XXXX)* • *rechtzeitig Unterlagen vorbereiten (am XX.XX.XXXX)* • *Infos vom Sekretariat erhalten*
Einzelprüfung nicht bestanden	2	1	2	—

Mit Risiken umgehen – wirksame Gegenmaßnahmen planen

Risiken können Sie unterschiedlich handhaben: Sie können versuchen, die **Grundursachen** zu beseitigen, indem Sie die Umstände identifizieren, die das jeweilige Risiko überhaupt ermöglichen. Wenn Sie eine stark frequentierte Zugverbindung zu einem Seminarort benötigen, könnten Sie sich beispielsweise vorher informieren und möglichst frühzeitig eine Sitzplatzreservierung vornehmen. In die gleiche Richtung gehen Maßnahmen, die auf die **Vermeidung** des Risikos selbst zielen. Eine bereits als unzuverlässig erkannte technische Komponente wie z. B. Ihr Laptop (Betriebssystem stürzt dauernd ab, geringe Akkukapazität, überlange Ladezeiten der Programme etc.) tauschen Sie lieber vorab aus.

Funktioniert dies nicht oder nicht ausreichend, können Sie wenigstens versuchen, das Risiko zu **vermindern.** Hilfreich ist etwa, ein notorisch säumiges Teammitglied an Termine gesondert zu erinnern – das mag die Anzahl der Versäumnisse zumindest reduzieren. Oder Sie nehmen als Gast an Leitungssitzungen einer bestehenden Lerninitiative teil, damit Sie für mögliche Konfliktherde und Moderationstechniken vor dem eigentlichen Beginn Ihres neuen Lernzirkels bereits gewappnet sind.

> *„Dass auch die Risiko-Abmilderung eine sinnvolle Strategie sein kann, hat sich vor allem bei unentschuldigtem Nichterscheinen in Präsenzphasen gezeigt. Ich habe akzeptiert, dass ich das nie ganz ausschließen kann, aber sichere mich damit ab, dass ich alle im Büro und in der Familie über solche Studientermine vorab informiere, anstatt immer erst kurzfristig um Verständnis bitten zu müssen!"*
> (Jasmina, 34, Einzelhandelskauffrau, studiert berufsbegleitend Personal und Organisation an einer Fachhochschule)

Klappt auch eine Verminderung des Risikos nicht, bleibt Ihnen eine dritte Möglichkeit: Sie können das Risiko auf andere **abwälzen.** Es kann dann zwar mit gleicher Wahrscheinlichkeit und Wirkung eintreten – die Folgen (Schäden, Kosten etc.) trägt aber jemand anderes. Eine Klausel in Ihrem Ausbildungsvertrag könnte z. B. festlegen, dass Sie bei plötzlicher Krankheit innerhalb eines gewissen Zeitraums Anspruch auf ein Nachholen der versäumten Vorlesungen haben. Oder Sie stellen etwa auf Ihren Blog einen Haftungsausschluss für Fremdinserate und Verweise auf Websites von Dritten.

Fruchtet dies alles nichts, können Sie sich zumindest vorab überlegen, wie Sie im Fall eines Risikoeintritts schnell **reagieren:** Sammeln Sie z. B. Infos, wo Sie schnell einen IT-Experten herbekommen, sollte Ihr Blog gehackt werden oder einem Virusbefall erliegen. Oder Sie speichern eine günstige Herbergsadresse zur Notfallübernachtung in Ihr Handy ein, falls Ihnen der letzte Überlandbus zur Heimfahrt von der Studienexkursion spät abends vor der Nase wegfährt, weil der Dozent nicht pünktlich fertig wurde. Vielleicht halten Sie auch die Telefonnummern guter Freunde parat, die Ihnen bei verzweifelter Stimmung ad hoc zuhören, Trost spenden und Rat geben.

Kreisen Sie alle Risikowerte mit 9 oder höher ein. Überlegen Sie sich jeweils eine oder mehrere Gegenmaßnahmen und fassen Sie diese stichwortartig hinter dem betreffenden Risiko zusammen. Versehen Sie sie mit einem Zeitfenster, innerhalb dessen die Maßnahmen durchgeführt werden sollen.

Ob Sie für alle Risiken mit erhöhten Risikowerten so vorgehen, entscheiden Sie unter Rücksprache mit Ihrem Kernteam. Wäre zum Beispiel der Aufwand an Zeit oder Kosten für eine Gegenmaßnahme höher als beim Risikoeintritt, dann nehmen Sie die Gefahr womöglich hin. In diesem Falle sollten Sie aber konsequent dahinterstehen und sich nicht ständig damit quälen, „vielleicht noch nicht genug getan zu haben". Risiken werden Sie das ganze Projekt hindurch ebenso begleiten wie die Ungewissheit, ob sie eintreten oder nicht!

Erweitern Sie nachträglich Ihre bisherigen Pläne um das Risikomanagement:

❑ *Für diejenigen Gegenmaßnahmen, welche Sie umsetzen wollen, tragen Sie entsprechende Ergebnisse in Ihrer Gedankenlandkarte nach.*

❑ *Nehmen Sie ein Risiko-Arbeitspaket in die erste Management-Phase Ihres Strukturplans auf (vgl. S. 32).*

❑ *Werden für die Risiken weitere Ressourcen gebraucht oder entstehen zusätzliche Kosten, ist dies im Ressourcen- und im Kostenplan zu er- gänzen (vgl. S. 40).*

❑ *Welche Teammitglieder für das Risiko Sorge tragen, berücksichtigen Sie zusätzlich in den Steckbriefen Ihres Organigramms (vgl. S. 58).*

❑ *Bei eventuell dadurch entstehenden Zeitverschiebungen passen Sie Ihre Ablaufplanung (vgl. S. 68) an.*

Checkliste „Projektrisiken"

☑ Habe ich mit meinem Kernteam die Einzelrisiken des Vorhabens identi- fiziert und stichwortartig beschrieben, inwiefern sie jeweils ein Ziel gefähr- den könnten?

☑ Ist festgehalten, wann und wieso die Einzelrisiken eintreten könnten und ob dies häufiger oder sogar regelmäßig möglich ist?

☑ Wurde jedes Einzelrisiko jeweils mit einem Wert für die Eintrittswahr- scheinlichkeit und für die Auswirkungen versehen?

☑ Habe ich für Risiken mit Werten über 9 Punkten Gegenmaßnahmen be- schlossen?

☑ Sind die Gegenmaßnahmen nachträglich in die Gedankenlandkarte, den Strukturplan, den Ressourcen- und den Kostenplan sowie in das Organi- gramm und in die Ablaufplanung integriert worden?

„ Nur wer ins Wasser geht, lernt schwimmen. "

III MEINE PROJEKTUMSETZUNG

NICHT NUR PLÄNE ABARBEITEN

„Planung ersetzt lediglich den Zufall durch Irrtum", lautet ein geflügelter Spruch unter Projektmanagern. Einige leiten daraus die Ironie ab, dass alles Planen ohnehin wenig bringt – es kommt ja doch anders, als man denkt. Sie können diese erduldende Haltung einnehmen oder den wahren Kern des Zitats beachten:

Eine Planung ist nie hundertprozentig sicher. Deswegen fruchtet eine gedankenlos-mechanische Umsetzung selten. Es gilt vielmehr, die Planung – wo nötig – anzupassen, sie kritisch mit dem aktuellen Stand zu vergleichen und auf Veränderungen und Entwicklungen im Projektverlauf flexibel zu reagieren.

Kultur und Durchführung – der Rahmen für eine erfolgreiche Zusammenarbeit

Ist Ihr Vorhaben fix und fertig geplant, müsste es „eigentlich nur noch" durchgeführt werden. Geht es aber daran, Leistungen zu erbringen, zu bewerten und Deadlines einzuhalten, werden oft erst die Knackpunkte klar: Liegen alle „auf der gleichen Wellenlänge"? Haben sämtliche Beteiligte das Verabredete genauso verstanden? Werden Ihre persönlichen Erwartungen erfüllt? Missverständnisse treten häufig erst in Extremfällen zutage, z. B. wenn die Zeit knapp wird oder die individuelle Belastbarkeit an Grenzen stößt. Deshalb sollten Sie frühzeitig Energie in die Entwicklung einer gemeinsamen projektspezifischen Kultur stecken.

Die Kultur im Projekt – Wie funktioniert eine gute Zusammenarbeit?

Sie selbst leiten vor allem der Zweck, die Werte und die Beweggründe, die für Sie persönlich hinter Ihrem Vorhaben stecken (vgl. S. 24). Die **Projektkultur** hingegen beinhaltet vor allem die Normen und Regeln, die bei der Durchführung für alle Beteiligten gelten sollen. Sichtbar wird diese gemeinsame Kultur beispielsweise daran, wie hoch die Pünktlichkeit ist, wie die Beteiligten miteinander kommunizieren und welche sozialen Sanktionen es bei einem Abweichen von der Kultur untereinander gibt.

Besteht z. B. die ausdrückliche Absprache, dass während eines Meetings nicht telefoniert wird, aber alle tolerieren es dann doch, so gehört auch dies zur Kultur. Alle stellen sich auf diese Duldung ein und beschweren sich bei einer späteren Sanktion zu Recht: „Wieso darf ich das plötzlich nicht, vorher aber …!" Pflegen alle stets einen höflichen Umgangston miteinander, wird dies ganz automatisch Teil der gemeinsamen Kultur – ganz ohne vorherige Übereinkunft. Ein einmaliges gegenseitiges Anschreien wird dann als Verstoß gegen diese Kultur empfunden.

Kultur bezieht sich jedoch nicht nur auf das Miteinander zwischen Menschen. Sie beinhaltet auch, wie Sie mit sich selbst umgehen, was Sie sich verzeihen oder wie streng Sie mit sich sind.

„In der Backstube funktioniert es nur zusammen,
weshalb ich Teamwork an sich gut kannte.
Jedoch wurden die Regeln dafür meist vom Bäckermeister vorgegeben.
Nun mit meinem privaten Lerncoach, einer firmeninternen Ansprechperson und
meiner Frau im Team merke ich nicht nur, wie viele Missverständnisse
und Störungen durch selbst erarbeitete Grundregeln vermieden werden können –
auch der kommunikative Anspruch an mich selbst wird klarer!"
(Timo, 40, Bäcker, lernt Indonesisch, seiner Lebensgefährtin
aus Singapur zuliebe)

Projektkultur kann zwar von oben nach unten vorgegeben werden – dies funktioniert nur meist nicht. Zum einen werden bei Ihrem Vorhaben viele Personen mitmachen, weil es ihnen selbst Spaß macht oder weil sie Ihnen mit Vergnügen weiterhelfen. Zwangsverordnete Verhaltensweisen beenden häufig diese Freude an der Mitarbeit. Zum anderen wird oft eine Mehrheitsmeinung in Ihrem Kernteam den Ausschlag geben. Wenn Sie ein Teammitglied überstimmen, wird es dies besser akzeptieren, falls es zumindest grundsätzlich die Regeln mitgestalten kann. Deswegen sollte sich eine projektbezogene Kultur langsam von unten nach oben entwickeln. Besonders das Kernteam braucht Zeit, um sich in der neuen Situation zu beschnuppern – ähnlich wie bei einer Gartenparty, auf der Sie einer sympathischen, aber wildfremden Person gegenübersitzen und sich fragend herantasten.

*Vermeiden Sie ein „Wir machen das jetzt so!". Unterbreiten Sie als
Projektleiter stattdessen Vorschläge, auf die sich alle Beteiligten – ausdrücklich oder stillschweigend – einigen können.*

*Kultur entfaltet sich vor allem indirekt, z. B. über einen Projektnamen, den
Sie alle gemeinsam aussuchen. Auch Anekdoten und verbindende Erleb-
nisse prägen das Team und das gemeinsame Verständnis: Wie sind Sie
auf die Idee zu Ihrem Projekt gekommen? Welche witzige Begebenheit ist
Ihnen auf dem Weg dorthin passiert? Was ist Ihnen zuletzt Kurioses wider-
fahren? Erzählen Sie z. B., dass Sie Ihren kostenlosen Bildungsnewsletter
unter anderem deshalb erstellen möchten, weil Sie die Schnäppchen,
Fake-News und Werbemaßnahmen leid waren, die Ihre bisherigen Abos
enthielten. Dann wissen Ihre Teammitglieder, wie wichtig Ihnen Authenti-
zität auch während dieses Projektes sein wird.*

*Verwenden Sie in Meetings oder E-Mails einen knackigen Arbeitston und
kommen in entsprechendem Dresscode zu den Teambesprechungen, strahlt
dies auf Ihre Teammitglieder und deren Arbeitsweise aus. Gleiches gilt auch
für den Raum, den Sie für Ihre Treffen zuhause oder extern nutzen: Gibt
es dort eine fixe Sitzordnung am Tisch und hängen immer die wichtigsten
Pläne an der Wand? Ist der Raum farblich so eingerichtet, wie es Ihre gegebenenfalls neue Umgebung sein wird? Oder liegt das Spielzeug Ihrer
Kinder auf dem Boden und jedes Mal stellen Sie andere Sitzgelegenheiten
bereit? Dies vermittelt Ihren Teammitgliedern einen Eindruck, wie Sie z. B. zu
kreativem Input stehen, wie flexibel Abmachungen zu handhaben sind und
welche Spielräume jeder Einzelne in Ihrem Projekt genießt.*

*Auch gemeinsame Events stimmen auf eine Kultur ein: beispielsweise eine
Führung mit dem Kernteam über Ihren künftigen Studiencampus oder der
Besuch einer traditionellen Tee-Zeremonie als Einstimmung auf Ihr künfti-
ges Japanologie-Studium.*

*Ebenso steuert Ihre Darstellung nach außen eine projektbezogene Kultur:
Wie reden Sie über sich und Ihr Vorhaben und wie wollen Sie, dass andere
das tun? Entwerfen Sie dazu ein Infoblatt für alle Beteiligten. Damit hat
nicht nur jeder die Eckdaten immer griffbereit und alle sprechen gegen-*

über Außenstehenden „wie aus einem Munde". Auch für Sie selbst ist es
eine gute Übung, Ihr Vorhaben leicht verständlich auf einer Seite zusam-
menzufassen und Ihre Gedanken zu ordnen. Eine einfache Web-Visiten-
karte über Ihre Studienschwerpunkte zeigt nicht nur im Familien- oder
Bekanntenkreis, wie Sie Ihr Vorhaben sehen. Sie können zudem auf einer
persönlichen Projektseite in den sozialen Medien regelmäßig über Fort-
schritte und bewältigte Schwierigkeiten schreiben oder Ihre Erfahrungen
auf themenverwandten Internetseiten platzieren, um Akzente zu setzen.

Eine Kultur, die von allen Beteiligten akzeptiert wird, gibt eine klare **Handlungs-
orientierung:** Sie garantiert Berechenbarkeit, indem sich alle auf die geltenden
Spielregeln einstellen können. Außerdem bewirkt sie eine stabile **Projektidenti-
tät:** Nicht nur der Inhalt des Vorhabens verbindet die Beteiligten miteinander,
sondern genauso das Wie.

Viele Ideen etwa im Bereich karitativer Tätigkeit, gemeinnütziger Vereinsarbeit
oder ehrenamtlichen Engagements scheitern nicht an der Überzeugung für eine
inhaltlich gute Sache. Sie misslingen, weil eine klare Richtschnur fehlt – das
darf in Ihrem Projekt nicht passieren! Wenn eine Kultur etabliert ist, gilt diese für
alle gleichermaßen. Nur weil Sie mit einem Teammitglied eng befreundet sind,
darf es noch lange nicht die Deadlines von Arbeitspaketen überschreiten. Weil
Sie selbst der Projektleiter sind, genießen Sie dennoch nicht das Recht, die anderen warten zu lassen. Die projektbezogene Kultur dient auch dazu, interne
Machtspielchen zu verhindern. Dadurch steigt typischerweise die Motivation für
die eigene Leistung, die im Team wertschätzend anerkannt wird.

„Als Inhaber eines Familienbetriebs war ich es gewohnt,
klar anzusagen, »wie der Hase läuft«.
Kommunikationsregeln erst zu erarbeiten, hat mein Team total
zusammengeschweißt, auch für das spätere gemeinsame
Aufsetzen meines Unternehmensblogs!"
(Karl, 52, Verkäufer von Schließschutztechnik für Häuser,
postet Sicherheitsthemen auf seiner Firmenhomepage)

Eine Kultur beinhaltet eine Vielzahl an **Kommunikationsregeln,** wie beispielsweise:

- ❑ Was muss im Projekt unbedingt schriftlich festgehalten werden (z. B. die Absprache, wer was bis wann verbindlich erledigt hat)? Was kann hingegen mündlich abgesprochen werden (z. B. die Absage eines Teammitglieds zum bevorstehenden Treffen)?
- ❑ Welche Kommunikationsmittel kommen im Projekt regelmäßig zum Einsatz? Ist etwa die Verschiebung einer Deadline mittels Handy-Nachricht genauso verbindlich wie per E-Mail?
- ❑ Kommuniziert das Team auch über Online-Medien? Über welchen Instant-Messaging-Dienst soll eventuell eine virtuelle Gruppe gegründet werden?
- ❑ Besitzen alle die technischen Möglichkeiten, auch über weite Entfernungen mittels Videokonferenzen miteinander zu kommunizieren, bzw. zu welchen Zeiten?

Da die Beteiligten privat vermutlich unterschiedliche Kommunikationsformen pflegen, ist auch die Frage der Vorlaufzeit für Terminänderungen bedeutsam. Als Projektleiter sollten Sie klarmachen, welche Informationen immer an Sie gehen sollten, welche nie und welche zuerst. Letztlich ist es Ihr Vorhaben und damit auch Ihre Aufgabe, z. B. Änderungen und neue Informationen rechtzeitig an die zuständigen Teammitglieder weiterzuleiten.

Die Durchführung – Spielräume, Eigenverantwortung und Dokumentation

Jeder im Kernteam übernimmt vorbestimmte Tätigkeiten, die Sie für jedes Teammitglied in einem kurzen Steckbrief festgehalten haben (vgl. S. 60). Daraus ergibt sich nicht nur, wer in welchem Arbeitspaket mitarbeitet und wer für die Kontrolle eines Arbeitspaketes verantwortlich ist.

Dort wurde auch bestimmt, wer für welche Stakeholder und für die Begegnung welcher Risiken zuständig ist sowie wer die vereinbarten Maßnahmen durchführt und deren Auswirkungen überwacht (vgl. S. 62 und S. 77).

Manch ein Teammitglied vereinbart schon zu Beginn des Arbeitspaketes fixe Treffen mit den anderen Beteiligten, um sich laufend über positive und negative Entwicklungen zu informieren. Einige Mitarbeiter brauchen eine **straffe Führung** mit klaren Ansagen. Nur so können sie effizient arbeiten und sich z. B. darauf einstellen, welche Qualität von ihnen in welcher Form erwartet wird. Als Hilfsmittel bieten sich generell an:

- ❏ To-Do-Listen mit konkreten Einzeltätigkeiten aus einem Arbeitspaket
- ❏ konkrete Erinnerungs-E-Mails für Deadlines oder Termine
- ❏ protokollarische Zusammenfassungen von Meetings

Auch ein gemeinsamer Ordner im Internet zum gleichberechtigten Teilen von Informationen und zur Echtzeitdokumentation der eigenen Arbeit kann helfen. Damit sieht jeder online, ob der andere zeitlich in Verzug ist oder mit welchen Schwierigkeiten er gerade kämpft. Das kann nicht nur gegenseitiges Verständnis, sondern auch Ansporn erzeugen.

Bei denjenigen, die lieber frei und kreativ vorgehen, lösen solche starren Ordnungen bisweilen sozialen Stress und **Anpassungsdruck** aus. Manche Dinge können relativ leicht in einer Tabelle erfasst, abgehakt und kontrolliert werden. Wurden z. B. im Falle einer angedachten Studiengruppe die vorbereiteten Lerninhalte rechtzeitig an alle verschickt? Oder sind die für den neuen Nachhaltigkeitsblog notwendigen Umweltdaten recherchiert? Ob aber der Webdesigner bereits brauchbare Logo-Entwürfe für Ihre Online-Plattform im Kopf hat, ist nicht so leicht mit Zollstock und Stoppuhr schriftlich festzuhalten.

Auf der einen Seite kann es also sehr bereichernd sein, wenn verschiedene Menschen zusammenkommen. Auf der anderen Seite prallen mitunter völlig gegensätzliche **Arbeitsstile** aufeinander!

Machen Sie Ihrem Kernteam gegenüber deutlich, dass die gemeinsame Planung als fixe Rahmenvereinbarung gilt und sich alle auf diese verlassen: Von der Deadline eines Arbeitspaketes oder der definierten Qualität eines Ergebnisses ohne Rücksprache abzuweichen, ist ein

No-Go. Das gilt gleichermaßen für die Überschreitung des Kostenplans, das Nichtdurchführen einer vereinbarten Maßnahme für Stakeholder oder Risiken sowie für das unentschuldigte Fehlen bei einem angekündigten Teammeeting.

Wie aber ein Teammitglied innerhalb der Laufzeit eines Arbeitspaketes sich selbst und die anderen Beteiligten organisiert, bleibt ihm überlassen. Es kann regelmäßige Arbeitspaket-Treffen organisieren oder einem eng befreundeten Mitarbeiter blind vertrauen. Es mag Ihnen beim Anblick seiner Zettelwirtschaft das Wort „Chaos" in den Sinn kommen – dies ist unerheblich, solange alles wie vereinbart abgearbeitet wird.

Verbindlich sollte zu Beginn zumindest die Häufigkeit von Teammeetings abgesteckt werden – sei es zum Controlling (vgl. S. 99) oder als regulärer Team-Jour-Fix, z. B. alle drei Monate. Gehen Sie strukturiert mit gutem Beispiel voran und fassen Sie am Ende jedes Teammeetings in 3–5 Sätzen zusammen, was heute Wichtiges passiert ist. Wurde z. B. die Planung geändert oder eine neue Info mitgeteilt?

Bevor Sie danach auseinandergehen, legen Sie zusammen fest, wann der nächste Termin stattfindet. Klären Sie nochmals, was bis dahin laut Strukturplan (vgl. S. 32) und laut Balkenplan (vgl. S. 72) konkret erreicht sein sollte – vielleicht sogar einer Ihrer Meilensteine (vgl. S. 69).

Grundsätzlich gehört zu jeder Erledigung von Arbeit auch deren **Dokumentation.** Das ist mitnichten sinnlose Bürokratie, sondern dient dazu, dass alle und vor allem Sie als Projektleiter stets den Überblick behalten. Die Dokumentation soll auch wichtige Daten (z. B. recherchierte Informationen) denjenigen leicht zugänglich machen, die vielleicht neu oder nur punktuell hinzustoßen. Ferner dient sie der Nachvollziehbarkeit des aktuellen Projektfortschritts: Warum war etwas verspätet oder wieso wurde es anders gemacht als geplant? Auf welche Entwicklung wurde wie reagiert? Wie und in welcher Form wurde das Vorhaben letztlich beendet? Eine Dokumentation sichert daher Erfahrungswissen, das Sie womöglich für künftige Projekte gut gebrauchen können – und sei es bloß, um dieselben Fehler nicht noch einmal zu machen.

PROJEKTDOKUMENTATION

- ☑ ....
- ☑ ....
- ☐ ....
- ☑ ....
- ☐ ....

Auf ein rein mündliches „Ja, ja – hab' ich eh erledigt!" sollten Sie sich als Projektleiter nie verlassen. Bestehen Sie vielmehr darauf, dass das Ergebnis wenigstens knapp dokumentiert wird.

Vergisst ein Teammitglied dies ständig oder empfindet das vereinbarte Abhaken der erledigten Arbeit als unzulässigen Mehraufwand? Dann machen Sie ihm deutlich, dass Teamarbeit gerade davon lebt, dass alle aufeinander aufbauen und den aktuellen Stand kennen. Gern wird darauf erwidert: „Ich erledige lieber zuverlässig meine Arbeit, als nur Berichte über Arbeit auszufüllen!" Dem liegt vielleicht ein mangelndes Verständnis vom Wert einer ordentlichen Dokumentation zugrunde. In diesem Falle ist erneut argumentative Überzeugungsarbeit gefragt: Nur wenn die Leistungen eines Teammitglieds sichtbar sind, können die anderen diese wertschätzend anerkennen.

”

Der Wert jeder Idee
zeigt sich erst
in deren Umsetzung.

“

Es kann jedoch sein, dass die Dokumentationsform (noch) nicht passt. Wird es im Kernteam etwa als überflüssig angesehen, über bereits erledigte Schritte Buch zu führen? Dann bietet sich z. B. das praktische Abhaken eines von Ihnen vorbereiteten Katalogs an. Falls jemand nicht gerne online arbeitet, könnte er etwas per E-Mail schicken. Und wenn ein Teammitglied nicht sehr zahlenaffin oder sprachgewandt daherkommt, erfüllt vielfach ein stichpunktartiger Vermerk, ein Handy-Foto oder eine Zeichnung denselben Zweck. Stets gilt: Solange alle den Inhalt verstehen, gibt es keinen Grund für administrative Zwangskonformität.

Bereits im Stadium der Planung haben Sie sich einer Dokumentation bedient. Daher ist es sinnvoll, diese spätestens als Vorbereitung für die Durchführung in einem **Projekthandbuch** zu bündeln. Dieses enthält alle Ihre (abfotografierten) Pläne in einem Schnellhefter, Aktenordner oder digital in einer Datei. Das ist vor allem wichtig, um zu verstehen, wie diese voneinander abgeleitet wurden und sich aufeinander beziehen. Dieses Projekthandbuch wird fortlaufend angepasst und erweitert, sobald Sie einen Plan oder mehrere abändern. Damit ist es als aktuelles Nachschlagewerk nutzbar.

Als Projektleiter können Sie zudem ein **Projekttagebuch** in Form eines vertraulichen Logbuchs führen. Während das Projekthandbuch grundsätzlich für alle Teammitglieder zugänglich sein sollte, erfasst das Tagebuch Ihre privaten Eindrücke, wie z. B.:

- ❏ besondere Vorkommnisse
- ❏ Überraschungen
- ❏ Eindrücke, die Sie momentan nur schwer einordnen können
- ❏ Ideen, die nicht reif genug für ein Teammeeting sind
- ❏ Gefühle
- ❏ Anekdoten
- ❏ Spaß oder Ärgernisse

Für all dies gibt es hier einen geschützten Ort – ohne inhaltliche Zensur, Rechtschreibprüfung oder Notwendigkeit zur Schönschrift. Das Tagebuch kann dazu dienen, Ihre Emotionen zu kanalisieren, niederzuschreiben und zu reflektieren. Damit sind sie erst einmal „aus dem Kopf". Vielleicht haben Sie sich diese Woche über eine schwerfällige Studienprogrammleitung geärgert, die Sie noch nicht in dem kommenden Studienjahrgang sieht. Oder Sie haben sich riesig über den unerwarteten Zuspruch eines Kursteilnehmers gefreut, der Ihnen seine Lernunterlagen zur Verfügung stellt.

Das Tagebuch liefert Ihnen darüber hinaus einen informellen Informationsstand. Dieser hilft Ihnen, eventuelle Streitfälle später besser nachzuvollziehen oder eine Ahnung zu bestätigen (ist Ihnen früher bereits Derartiges aufgefallen?). Vielleicht haben Sie etwas notiert, das Ihr Bauchgefühl hinsichtlich einer Entscheidung bestärkt. Ihre Stichworte und Notizen geben nicht nur Aufschluss darüber, wie Sie sich zu einem Zeitpunkt gefühlt haben. Sie dienen oft auch als persönliche Gedankenstütze viele Wochen später.

> *„Da ich im normalen Leben nicht der Tagebuch-Reflexionstyp bin,*
> *war ich bei dieser Methode anfangs skeptisch.*
> *In manchen Zeiten hat mir aber das Zurückblättern Klarheit darüber verschafft,*
> *warum ein Konflikt mit Studienkollegen sich in eine bestimmte Richtung entwickelt*
> *hat, und ich konnte die Eskalation des Streits viel besser nachvollziehen!"*
> (Jasmina, 34, Einzelhandelskauffrau, studiert berufsbegleitend
> Personal und Organisation an einer Fachhochschule)

Bei der Vielzahl heutiger Medien, der einfachen Anwendbarkeit und den günstigen (digitalen) Dokumentationsmethoden stehen Sie und Ihr Kernteam manchmal vor schwierigen Entscheidungen: Was soll wie dokumentiert werden und was nicht? Sie werden zwar bei Ihrer internen Dokumentation selten mit dem **Datenschutzrecht** in Berührung kommen. Einige Grundsätze daraus können dennoch für Ihren Umgang mit Informationen nützlich sein:

❑   Daten sollten für einen zuvor festgelegten, eindeutigen Zweck verwendet werden und dies nur so lange, bis er erreicht wurde. Fragen Sie sich stets, ob und wozu konkret die Art Ihrer Dokumentation gebraucht wird. Ein

Argument à la „Es könnte später noch einmal nützlich sein" rechtfertigt Keller voller verstaubter Einmachgläser, dringend auszumistende Dachböden oder chaotische Messie-Wohnungen – es begründet aber nicht die Notwendigkeit einer Projektdokumentation! Ob Sie etwa alle Fortschrittsberichte des Controllings (vgl. S. 100) oder jedes einzelne Sitzungsprotokoll nur der Vollständigkeit halber aufbewahren, ist daher fraglich.

❑ Der Grundsatz der Datenaktualität bietet eine weitere Entscheidungshilfe: Sämtliche Daten sind auf dem aktuellen Stand zu halten oder zu vernichten. Wenn Sie wirklich alles Dokumentierte ständig aktualisieren müssten, egal ob die Aktualisierung wichtig für Sie ist – wäre es den Aufwand wert? Falls die spontane Antwort „Nein" lautet, deutet das auf verzichtbare Dokumentationen hin, die allenfalls in Datenfriedhöfe münden.

❑ Schließlich liefern die Grundsätze der Datenvermeidung und Datensparsamkeit Anhaltspunkte: Doppeln sich Daten oder kann die gleiche Information auch aus anderen Teilen gewonnen werden, ist die Datensammlung unzulässig. So sind beispielsweise zehn abgespeicherte digitale Vorversionen Ihres Balkenplans ebenso unnötig wie der gesamte E-Mail-Verkehr mit unterschiedlichsten Programmierdienstleistern, von denen Sie letztlich nur einen als Vertragspartner für die Forenerstellung auf Ihrer neuen Bildungswebsite ausgewählt haben.

Eine **Kurzübersicht** darüber, wo und in welcher Form Sie Ihre Dokumentation betreiben, ist hilfreich – vor allem wenn Sie zwischenzeitlich von einer auf eine andere Dokumentationsform umgestiegen sind.

Checkliste „Projektkultur und Projektdurchführung"

☑ Habe ich mir mit meinem Kernteam zusammen überlegt, welche Kultur für mein Projekt passend ist?

☑ Sind ein identitätsstiftender Name, eine pointierte Anekdote und ein zentraler Raum vorhanden?

☑ Habe ich projektbezogene Events durchgeführt und ein Infoblatt zusammengestellt?

- ☑ Betreibe ich Außenkommunikation für mein Vorhaben (z. B. über soziale Medien oder in Internetforen)?
- ☑ Sind für die Teammitglieder gleichermaßen geltende Regeln etabliert, die alle verstanden haben?
- ☑ Besitzt jedes Teammitglied innerhalb eines verbindlichen Rahmens genügend eigenverantwortliche Handlungsspielräume?
- ☑ Ist festgelegt, was wann und in welcher Form im Projekt kommuniziert wird?
- ☑ Folgt die Dokumentation den Grundsätzen der zweckgerichteten Datenverwendung, -aktualität, -vermeidung und -sparsamkeit?
- ☑ Habe ich eine Kurzübersicht angelegt, die alle Dokumentationsarten auflistet?
- ☑ Habe ich alle Pläne in einem Handbuch zusammengefasst?
- ☑ Führe ich regelmäßig ein Projekttagebuch?

Controlling – Was funktioniert und was nicht?

Die Überprüfung und Abnahme einzelner Arbeitspakete ist die eine Seite (vgl. S. 32), welche Folgen eine Abweichung aber für das gesamte Vorhaben hat, die andere. Ein wirksames Controlling bringt deshalb positive oder auch negative Abweichungen immer mit dem Projektziel in Verbindung. Es „kontrolliert" keine einzelnen Arbeitspakete im Detail – mag der Name auch anderes suggerieren. Dafür ist das jeweilige Teammitglied als Fachexperte zuständig (vgl. S. 52). Hingegen begleitet das Controlling den Projektverlauf ganzheitlich: Es stellt den aktuellen Status fest und entwickelt gegebenenfalls Vorschläge für **Korrekturmaßnahmen.**

Hinkt zum Beispiel ein Arbeitspaket zeitlich hinterher, könnte die Mithilfe durch ein weiteres Teammitglied angebracht sein. Ist letzteres aber zeitgleich mit eigenen Tätigkeiten beschäftigt, müsste es diese ruhen lassen. Ob sich das lohnt oder nur das Problem verschiebt, soll z. B. das Controlling klären. Gleiches gilt für das Umschichten von Geld: Packen Sie zusätzliche finanzielle Mittel in ein Arbeitspaket hinein, z. B. um eine Teuerung abzufedern, fehlen diese möglicherweise an anderer Stelle im Budget. Da in einem Projekt stets alles begrenzt ist und mit allem zusammenhängt, sind gerade diese Verbindungen zu berücksichtigen.

Das Controlling unterstützt Sie in Ihrer Rolle als Projektleiter, damit Sie den Gesamtüberblick nicht verlieren.

Das betrifft auch die sozialen und kommunikativen Aspekte: Warum zum Beispiel gerade die Stimmung bei Ihnen oder in Ihrem Kernteam so und nicht anders ist, wird selten nur anhand von Zahlendetails zu beantworten sein. Und doch kann gerade die mentale Einstellung zu Ihrem Vorhaben eine zentrale Rolle für den weiteren Verlauf und Ihren Umgang mit den Teammitgliedern spielen.

Die Controlling-Meetings – Projektfortschritte in der Teamdiskussion

Das Controlling bedient sich sogenannter Fortschrittsberichte. Diese werden in größeren Zeitabständen ca. 5–6 Mal im Projektverlauf erstellt und in Controlling-Meetings besprochen. Sie behandeln z. B. jeweils einen der größeren Ergebnisbereiche Ihrer Gedankenlandkarte (vgl. S. 28). Jeder Fortschrittsbericht enthält verschiedene **Soll-Ist-Vergleiche:**

❑ zum Leistungsfortschritt: Liegen alle geplanten Ergebnisse in gewünschter Qualität vor?
❑ zu den Projektterminen: Wurden alle bisherigen Arbeitspakete und Meilensteine rechtzeitig erreicht?
❑ zu den Ressourcen und Kosten: Wurden alle Mittel wie vorgesehen benutzt und ist der Finanzrahmen eingehalten?

Wenn es einen engen Zusammenhang zwischen dem Ergebnisbereich eines Fortschrittsberichts und dem eines anderen gibt, können Sie dies zusätzlich als „Kontext" im Fortschrittsbericht festhalten. Steht z. B. für Ihren Studienbeginn der Bereich Lernzeiten schlecht da, weil der Bereich Kinderbetreuung noch kaum fortgeschritten ist, dann verweisen beide Fortschrittsberichte jeweils aufeinander. Auch bei einer überfachlichen Problematik kann dieser Fall eintreten.

So betrifft etwa eine herausfordernde Zusammenarbeit mit einem Mitarbeiter mehrere Ergebnisbereiche gleichermaßen.

„Menschliche Arbeitsleistungen in Berichtsform zu pressen,
fand ich schon immer schwierig.
Allerdings habe ich erst so gesehen,
an welcher Stelle es hakt, worauf ich nie gekommen wäre.
Letztlich geht es ja nicht um Kontrolle oder Schuldzuweisung,
sondern um die Verbesserung des Projekts!“
(Timo, 40, Bäcker, lernt Indonesisch, seiner Lebensgefährtin aus Singapur zuliebe)

PROJEKT-FORTSCHRITTSBERICHT NR. _17_

für Ergebnisbereich _Prüfungen_

🟢 = Projekt läuft planmäßig

🟡 = Projekt (z.T.) in Schwierigkeiten

🔴 = Projekt in der Krise

Gesamtstatus:

leicht rückständig,
aber aufholbar

Status Leistungsfortschritt:
6 von 8 vorgesehenen Prüfungen bestanden

Maßnahmen:
zusätzliche Lernzeit einbauen

Status Termine:
Wiederholungs- und Nachholtermine fix

Maßnahmen: *Babysitter für neue Tage einplanen; Auto vom Partner reservieren, um pünktlich zum Prüfungsantritt zu kommen*

Status Ressourcen/Kosten:
5% Zeitüberschreitung wegen 2 weiterer Prüfungsantritte

Maßnahmen: *Anrechnung einer Wahlfachprüfung aus vergangenen Studien, um künftig eine Prüfung zu sparen*

Status Kontext: . . . .

Maßnahmen: . . . .

Sonstiges: . . . .

Maßnahmen: . . . .

Berichtersteller: . . . . Datum: . . . .

Zu jedem der Punkte im Fortschrittsbericht (vgl. Abbildung auf S. 101) machen Sie stichwortartig Anmerkungen. Bei Abweichungen entwickeln Sie jeweils Maßnahmenvorschläge (was soll zukünftig getan werden?), die oft eine Anpassung der Planung nach sich ziehen. Schließlich weisen Sie dem aktuellen Gesamtstatus des Ergebnisbereichs eine **Ampelfarbe** zu: Während bei Grün alles planmäßig läuft, signalisiert Gelb, dass zumindest Teilaspekte Schwierigkeiten bereiten. Vergeben Sie Rot, steht eine Krise (vgl. S. 110) unmittelbar bevor.

Legen Sie zu Beginn der Umsetzung im Kernteam fest, wie oft Controlling-Meetings jeweils stattfinden sollen. Bei einer Gesamtdauer von bis zu einem halben Jahr kann dies z. B. monatlich, bei bis zu 1,5 Jahren nur einmal pro Quartal sein. Zum Stichtag soll ein Fortschrittsbericht ausgefüllt und an die anderen verteilt sein. Dies übernimmt das Teammitglied, das für die meisten Arbeitspakete des jeweiligen Ergebnisbereichs verantwortlich ist.

Neben diesen 4–6 fachlichen Ergebnisbereichen können Sie als Projektleiter nach Bedarf noch weitere erstellen. Diese beziehen sich z. B. auf übergreifende Themen wie:

- ❏ *„Stakeholder" – falls die Personen oder Gruppen aus Ihrer Stakeholder-Analyse nicht wie eingeschätzt reagieren bzw. die dazu geplanten Maßnahmen nicht greifen (vgl. S. 62)*
- ❏ *„Projektrisiken" – sofern die Eintrittswahrscheinlichkeiten zwischenzeitlich anders einzuschätzen sind als anfangs gedacht bzw. sich einige Gegenmaßnahmen als ungeeignet herausstellen (vgl. S. 82)*
- ❏ *„Absprachen im Kernteam" – bei einem generellen Kommunikationsproblem*

Wenn die Teammitglieder nacheinander über ihre Ergebnisbereiche berichtet haben, ist Zeit für Verständnisfragen oder abweichende Meinungen. Anschließend diskutieren Sie im Team, ob die jeweils im Fortschrittsbericht vorgeschlagenen Maßnahmen ergriffen werden sollen oder nicht. Einigen Sie sich darauf, wer diese jeweils wann durchführt, zusätzlich zu den regulären Tätigkeiten.

Auch bei Ergebnisbereichen mit gelber oder roter Bewertung sollte es niemals um individuelle Schuldzuweisungen, persönliche Anklagen oder Abwertungen gehen. Zum einen repräsentiert das berichtende Teammitglied lediglich eine Rolle (vgl. S. 56). Zum anderen bringt nur lösungsorientiertes Nach-vorne-Blicken Ihr Vorhaben weiter. Statt des Kommentars „Kein Wunder, dass du das verschwitzt hast, wenn du immer nur alles auf deine Zettel kritzelst!" könnte z. B. ein unterstützender Vorschlag weiterhelfen: „Vielleicht wäre es für dich leichter, eine bessere Übersicht mit einem einfachen Programm-Kalender zu behalten – darf ich ihn dir kurz zeigen?"

Auch wenn niemand als Bremser oder Teamproblem dastehen mag, haben Vertuschungen oder Beschönigungen des eigenen Ergebnisbereichs wenig Sinn. Sie fallen ohnehin auf – besser früher als zu spät! Entscheidend ist, dass Sie als Projektleiter trotz verständlichen Ärgers Ihren Teammitgliedern Offenheit und Vertrauen entgegenbringen. Denn dies erwarten Sie von ihnen ebenfalls. Machen Sie deutlich, dass Kostenüberschreitungen, Terminverzug oder inhaltliche Fehler passieren können, wo Menschen arbeiten – nicht aber, dass sich alle darüber anschweigen!

Achten Sie ferner darauf, Ihren Teammitgliedern wertschätzendes Feedback zukommen zu lassen, gerade wenn nicht alles nach Plan funktioniert. Konfrontieren Sie Ihr Kernteam nicht nur mit den harten Berichtsfakten. Stellen Sie auch Fragen wie: „Wie geht es Euch gerade im Projekt?", „Habt Ihr mittlerweile andere Erwartungen als zu Beginn?" oder „Wie erlebt Ihr mich als Projektleiter?" Ehrliche Antworten darauf verbunden mit einer selbstkritischen Sachdiskussion sind für den Erhalt der Projektkultur essenziell (vgl. S. 88).

Der ausgewogene Berichtsbogen – die persönliche Balance finden

In den meisten privaten Projekten steckt viel mehr, als nur vom (alten) Zustand A hin zu einem (neuen) Zustand B zu gelangen. Sie investieren in Ihr Vorhaben Lebenszeit, durchschreiten einen Prozess, gewinnen neue Einsichten oder lernen etwas über Ihre persönlichen Grenzen und Potenziale. Manchmal haben Sie hier und da große Freude mit Ihrem Vorhaben, da und dort schwitzen Sie gelegentlich Blut und Wasser. Beim Controlling allein vom Ziel am Ende und den Ergebnissen als Resultat auszugehen, zeichnet ein einseitiges Bild des aktuellen Projektstands.

> *„Mir ist meine persönliche Balance schon deswegen wichtig, weil ich sonst vor lauter Planung den Spaß am Bloggen einfach nicht genießen kann. Ich habe daher die entscheidenden Themen herausgeschrieben, die im Projektverlauf alle positiv vorliegen sollten, um mich im Gleichgewicht zu halten!"*
> (Karl, 52, Verkäufer von Schließschutztechnik für Häuser, postet Sicherheitsthemen auf seiner Firmenhomepage)

Um diese komplexe Vielfalt mit in das Controlling aufzunehmen, kann ein ausgewogener Berichtsbogen helfen. Dieser enthält vier Perspektiven, die abgesehen von der rein fachlichen Situation auch den Stand Ihres persönlichen Erfolgs abbilden. Durch die Ausgewogenheit dieses Berichtsbogens soll sichergestellt werden, dass alle Perspektiven prinzipiell gleichrangig sind. Jede einzelne ist nur sinnvoll, wenn Sie sie gemeinsam mit den anderen Perspektiven erreichen.

Planen Sie zum Beispiel, mit dem Absolvieren eines MBA-Lehrgangs Ihre Kompetenzen im internationalen Business zu erweitern? Dann wird zwar der erfolgreiche Abschluss in Ihrem Ziel vorkommen (vgl. S. 17). Mindestens genauso wichtig könnte für Sie aber die Frage sein, ob Sie sich in diesem Bereich wohlfühlen (Wirtschaftsdenken, Führungsanspruch, Managementzugang usw.). Tun Sie das nicht, wird sich das auch negativ auf die Erreichung des Ziels auswirken, den MBA-Abschluss überhaupt zu machen. Streben Sie hingegen die Etablierung einer Bildungsinitiative an? Dann wird die tatsächliche Gründung einer solchen zwar in Ihrem Ziel stecken. Ebenso könnte aber für Sie wichtig sein, ob Sie damit gesellschaftliche Resonanz erfahren oder andere, bereits etablierte Institutionen mit Ihnen zusammenarbeiten wollen. Ansonsten werden Sie es spätestens dann schwer haben, wenn Ihre Initiative die tatsächliche Arbeit aufnehmen will.

Welche unterschiedlichen Perspektiven sind in Ihrem Vorhaben enthalten? Falls Sie eine Vertrauensperson ganz unbefangen danach fragt, wie es Ihnen persönlich gerade mit Ihrem Vorhaben geht – welche Punkte würden Sie ansprechen?

Suchen Sie sich vier Perspektiven, die Ihren persönlichen Erfolg im Projekt charakterisieren. Hierbei gibt es kein Richtig oder Falsch. Rufen Sie sich dazu nochmals in Erinnerung, wozu Ihnen das Projekt dient: Welchen individuellen Zweck verfolgen Sie damit und welche persönlichen Werte stecken dahinter (vgl. S. 24)?

Persönliche Perspektive 1	Persönliche Perspektive 2
neues Kernfeld für beruflichen Wechsel austesten	*Gehirn fordern mit geistiger Tätigkeit*
Persönliche Perspektive 3	Persönliche Perspektive 4
Prestige aufgrund eines akademischen Titels	

PROJEKT in Balance?

Streben Sie etwa an, einen regelmäßigen Bildungs- und Kulturtreff in Ihrer Nachbarschaft zu organisieren? Dann könnte das gemeinsame Lernen oder das Schließen neuer Bekanntschaften eine solche Perspektive sein.

Falls Sie beispielsweise einen Fitnesstrainer-Kurs absolvieren, dann könnte die körperliche Gesundheit eine Ihrer Perspektiven sein. Sind Sie bereits während des Projektverlaufs oft müde von anstrengenden Übungseinheiten? Sagen Sie deshalb abends den wöchentlichen Treff mit Freunden ab und fallen k. o. ins Bett? Oder schöpfen Sie durch die neue Herausforderung solche Kraft, dass Sie nach einem Trainingszyklus am liebsten gleich „richtig loslegen" würden und beim Erzählen im Sportlerkreis kaum zu stoppen sind?

Womöglich wollen Sie eine neue Kultur kennenlernen. So könnte die Perspektive darin bestehen, wie Sie auf deren andersartige Lebenseinstellungen, die Sprache und die politisch-sozialen Verhältnisse reagieren. Genießen Sie die wöchentliche Abwechslung, das Eintauchen in die fremde Kultur in Ihrem wöchentlichen Abendkurs und das ständige Vergleichen des Neuen mit Ihrem eigenen kulturellen Hintergrund? Oder begegnen Sie den ungewohnten Ansichten sehr bald mit Unverständnis und Ablehnung?

Vielleicht beabsichtigen Sie auch, sich in einem exotischen Intensiv-Kochkurs den lang ersehnten Traum zu erfüllen, endlich all Ihre Lieblingsspeisen selbst zuzubereiten. Dann könnte das Sich-etwas-Gönnen oder die Freude an gutem Essen eine Perspektive sein. Freuen Sie sich über zustimmendes Lob, wenn Sie im Bekanntenkreis probekochen? Sind Sie stolz auf sich, wenn Sie das Ursprungsrezept sogar noch individuell verfeinert haben? Oder bedauern Sie bereits jetzt, dass der Preis Ihrer Koch-Extravaganzen derjenige ist, dass Ihre Kinder in der Zeit Ihrer Abwesenheit mit Fertiggerichten vorliebnehmen müssen?

Beschreiben Sie in der Mitte eines DIN-A4-Blattes stichwortartig Ihr Vorhaben und ziehen Sie darum einen Kreis. Ordnen Sie Ihre vier Perspektiven in je einem Quadranten rings um den Kreis an.

Die Beschränkung auf vier gleichberechtigte Perspektiven eines ausgewogenen Berichtsbogens soll nicht nur für Übersichtlichkeit sorgen. Sie ermöglicht auch, diese vier Blickrichtungen relativ einfach miteinander in Beziehung zu setzen. Sie stehen nicht isoliert nebeneinander, sondern bestimmen gemeinsam den Stand Ihres persönlichen Projekterfolgs. Die aktuelle Befriedigung nur einer Perspektive genügt selbst dann nicht, wenn diese im Vergleich zu den anderen außerordentlich hervorsticht – schließlich haben Sie die anderen auch als wichtig definiert.

*Um die Ergebnisse Ihres Berichtsbogens in einfacher Form zu visuali-
sieren, eignet sich ein Koordinatensystem. Zeichnen Sie ein solches auf
ein Blatt und unterteilen Sie die waagerechte Achse z. B. nach Projekt-
wochen („23. Kalenderwoche", „24. Kalenderwoche" etc.) oder nach
Monaten („März 2021", „April 2021" etc.). Auf der senkrechten Achse
bemessen Sie die Zufriedenheit mit Ihren Perspektiven durch eine Einteilung von 0 bis 10.*

*Schreiben Sie anschließend Ihre vier Perspektiven mit unterschiedlichen
Farben oder Symbolen unter Ihr Koordinatensystem. Für jede Ihrer vier
Perspektiven setzen Sie bei jeder gewählten Zeiteinteilung ein entspre-*

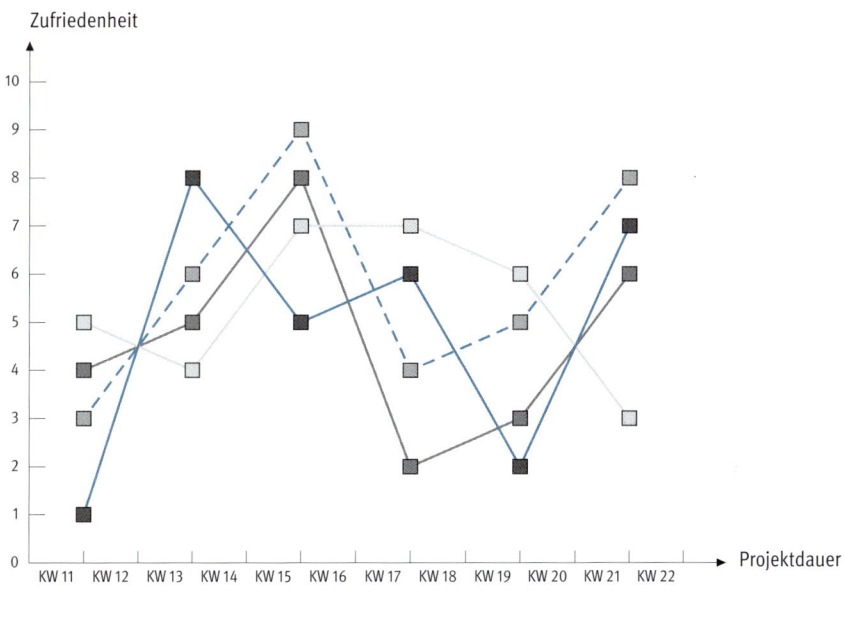

chendes Symbol in der Höhe, die Ihre persönliche Einschätzung wider-
spiegelt. Schneidet eine Perspektive einmal besonders schlecht (0–3)
oder besonders gut (7–10) ab, dann notieren Sie zusätzlich stichwortartig
unterhalb des Koordinatensystems die Gründe dafür.

Am besten legen Sie für diese Punktbewertung im Vorhinein einen be-
stimmten Tag fest (z. B. immer freitags oder stets am 30. eines Monats),
sodass Sie keine Eintragung vergessen. Dadurch reflektieren Sie in gleich-
mäßigen Abständen darüber, was in der letzten Woche bzw. im vorange-
gangenen Monat im Projekt passiert ist!

Verbinden Sie zusätzlich alle gleichen Symbole fortlaufend miteinander.
Die vier Perspektiven-Striche werden so von Mal zu Mal immer länger und
wandern weiter nach rechts. Nur selten verlaufen diese Striche gerade.
Zumeist gehen sie im Zickzack hoch und runter, reißen auch einmal nach
oben aus oder knicken nach unten ab. Typischerweise werden sich die
unterschiedlichen Linien sogar überschneiden.

Daran sehen Sie auf einen Blick, ob Ihre vier Perspektiven zu einem be-
stimmten Zeitpunkt ausgewogen, d. h. nah beieinander sind. Sie werden
zudem feststellen, wie diese miteinander zusammenhängen: Oft entwi-
ckelt sich mit einer Perspektive auch eine andere negativ oder es erhöht
sich die Zufriedenheit mit einer und automatisch auch mit einer anderen
Perspektive.

Wie bei den Fortschrittsberichten (vgl. S. 100) ist es auch hier sinnvoll, sich pe-
riodisch Ihren Berichtsbogen insgesamt anzusehen:

Stimmt das **Gleichgewicht** zwischen Ihren Perspektiven noch grundsätzlich
bzw. weicht es nur gelegentlich einmal ab? Oder haben sich die Perspektiven
womöglich verschoben, weil zwischenzeitlich andere für Sie wichtiger geworden
sind? In diesem Falle passen Sie den Berichtsbogen an.

☑ Habe ich im Kernteam vereinbart, wie viele Fortschrittsberichte es während des Projektes geben soll?

☑ Sind die Termine für die Controlling-Meetings fixiert?

☑ Ist jedem Teammitglied klar, welche Ergebnisbereiche es abzudecken hat?

☑ Liegen nur unwesentliche, punktuelle Abweichungen vor oder ist das Ziel grundsätzlich gefährdet?

☑ Welche Controlling-Maßnahmen wurden im Kernteam vereinbart und wer führt diese wann durch?

☑ Habe ich auf wertschätzendes Feedback und Vertrauensbildung geachtet, gerade wenn Abweichungen vorliegen?

☑ Habe ich vier Perspektiven gewählt, die den Stand meines persönlichen Projekterfolgs wiedergeben?

☑ Wurden die Perspektiven in regelmäßigen Abständen in ein Koordinatensystem eingetragen?

☑ Bleiben alle Perspektiven während des ganzen Projektverlaufs ausgewogen in Balance?

Krisen, Chancen und Abschluss
Stoppen, weitermachen oder beenden?

Manchmal gibt es Situationen, die einen nahe an die eigenen Grenzen führen. Ob im letzten Viertel des Marathonlaufs Ihre Glieder höllisch schmerzen, ob Ihr Pflegekind zum zehnten Mal grinsend das Karottengläschen quer durch die neue Küche pfeffert oder Sie sich im Urlaub mit dem Taxifahrer verbittert um die (eigentlich verschwindend geringe) Preisdifferenz zanken – in solchen Momenten poppt unweigerlich die **Masterfrage** auf: Ist es die Mühe wert, das hier so zu Ende zu bringen, oder nicht? In Projekten ist es nicht anders.

„ **PLANUNG** ERSETZT **ZUFALL** DURCH **IRRTUM!** "

Die Krisen – mit dem Unvorhersehbaren umgehen

Haben Sie schon einmal eine Lebenskrise überstanden und sind daran gewachsen? Aber wie und warum es dazu kam, ist Ihnen noch immer ein Rätsel? Vielleicht belächeln Sie inzwischen rückblickend die eine oder andere Situation?

Auch in Projekten gibt es Krisensituationen, obwohl man alles (Mögliche) dafür getan hat, dass es nicht passiert. Krisen bedeuten eine extreme Eskalation von Problemen. Sie bewirken eine so gravierende Abweichung von der Planung, dass sie das Vorhaben existenziell bedrohen. Anders als Risiken (vgl. S. 78) stellen Krisen gerade keine planbaren Zukunftsprognosen dar – denn sie sind meist nicht vorhersehbar. Es sind unmittelbar bevorstehende oder eingetretene Probleme, die ein schnelles Eingreifen erfordern.

„Nach einer langen Phase der Prüfungsvorbereitung war ich völlig frustriert, wollte keinen mehr sehen und fragte mich, wieso ich das überhaupt mache. Ich habe diese Krise aber angenommen und offen mit meiner Familie besprochen, die mir erneut gesagt hat, wie stolz sie auf mich ist – das allein hat sie für mich schon ein Stückchen kleiner gemacht!"
(Jasmina, 34, Einzelhandelskauffrau, studiert berufsbegleitend Personal und Organisation an einer Fachhochschule)

Krisen bedeuten nicht automatisch, dass Sie oder Ihr Kernteam etwas übersehen oder sich verplant haben. Es trägt auch nicht unbedingt jemand persönliche Schuld an deren Eintreten. Vielmehr können sie zum Beispiel externe, Ihnen unbekannte **Ursachen** haben: Ihr Lebenspartner muss kurzfristig einen beruflichen Auslandstermin wahrnehmen, sodass Ihre gemeinsame Neuaufteilung der Kinderbetreuungszeiten hinfällig wird. Oder Ihr Kursanbieter sagt aufgrund einer überraschenden länderübergreifenden Virusinfektion alle Präsenztermine ab. Der Gesetzgeber ändert über Nacht in einer Rechtsverordnung einen winzigen Paragrafen, weswegen Ihre als gemeinnütziger Verein gedachte Lernhilfe doch noch eine besondere behördliche Gewerbeerlaubnis benötigt. Oder jemand schneidet Sie im Berufsverkehr unachtsam auf dem Fahrradweg, sodass Sie im

Krankenhaus liegend Ihre lange zuvor geplante Sprachreise nicht antreten können.

Auch interne Ursachen können eine Krise bewirken: Sie haben etwa auf ein wichtiges Teammitglied vertraut, das sich nun unerwartet zurückzieht und ad hoc schwer zu ersetzen ist. Es kann auch ein starker Rückgang Ihrer persönlichen Motivation eintreten und Sie kommen nur durch Zufall darauf, dass die Ziele gegen eine verborgene persönliche Überzeugung verstoßen (vgl. S. 24).

Oftmals ist es nicht leicht, eine Krise so frühzeitig zu erkennen, dass sie erfolgreich abgewendet werden kann. Bedeuten zwei aufeinanderfolgende Teammeetings mit jeweils schlechter Stimmung gleich eine Krise? Oder dass Ihre Web-Agentur um dringende Rücksprache bezüglich der nicht haltbaren Kostenpauschale für die Einrichtung Ihres neuen Blogs bittet? Oder wenn mehrere Arbeitspakete gleichzeitig in starkem Verzug sind? Wenn auch letztlich Sie als Projektleiter diese Einschätzung treffen, so kommen doch typischerweise bei einer Krise drei Faktoren zusammen:

❑ Erstens gibt es ein objektiv-sachliches Moment, an dem Sie und alle anderen schwarz auf weiß erkennen, dass handfeste Probleme vorliegen und diese Auswirkungen auf andere haben. Krisen betreffen niemals nur einzelne Bereiche, sondern führen zu einer Instabilität des Gesamtprojektes. Eine solche Situation entsteht z. B., wenn Ihr Jahreslernplan nicht fertig wird und Sie bereits zu Beginn mit Stoffwiederholungen und Prüfungsvorbereitungen stark in Verzug geraten. Oder Sie sind bei jedem Teamtreffen entnervt, wollen am liebsten gar nicht hingehen und erhalten von mehreren vertrauten Menschen die Rückmeldung, Sie wirkten oft geistesabwesend oder desinteressiert. In solchen Fällen handelt es sich nicht nur um vereinzelte Eindrücke oder Interpretationsmöglichkeiten.

❑ Ein zweites Symptom einer Krise ist, dass bereits wiederholt mit Umplanungen, Testläufen oder zusätzlicher Unterstützung experimentiert wurde und die Probleme dennoch immer wieder (ähnlich) auftreten. Das kann die notorische Unzuverlässigkeit eines Teammitglieds sein, die trotz Verlegung der Meetings auf eine günstigere Zeit, wertschätzenden Ermahnungen und dauernden Erinnerungen bestehen bleibt. Das kann das mittlerweile fünfte Vorsprechen bei der Stipendienstelle sein, obwohl Sie schon mehrmals mit dem Sachbearbeiter E-Mails ausgetauscht, sich getroffen und sogar einen Anwalt hinzugezogen haben. Oder es kann der beauftragte Experte für Web-Kommunikation sein, der schon wieder keinen Vorschlag für eine Kommunikationsstrategie ausgearbeitet hat und Sie stets erneut auf den kommenden Monat vertröstet.

❑ Ein drittes Anzeichen einer jeden Krise liefert eine emotionale (Über-)Reaktion bei Ihnen oder im Kernteam. Es kommt vielleicht in Ihnen das Gefühl auf, dauernd für andere mitzutun, während Ihr Kernteam nur reaktiv abwartet, bis sich jemand aufgrund des nächsten Fortschrittsberichts beschwert (vgl. S. 100). Oder ein Teammitglied verzichtet völlig darauf, beim nachlässigen Putzdienst oder unzuverlässigen Babysitter nachzuhaken, weil es den Umfang seines Gestaltungsspielraums nicht wahrnimmt oder seine Rolle generell als wirkungslos ansieht. Manchmal kann auch eine gefühlsbetonte Gegenreaktion auftreten. Dabei verfällt jemand in sinnlosen Aktionismus, nur um irgendetwas zu tun.

Bezeichnenderweise erscheinen Ihnen und Ihrem Kernteam in einer Krise die auftretenden Probleme oftmals als unlösbar und die Lage als ausweglos.

Das Schlimmste in einer Krisensituation ist, sie zu verleugnen oder gar schönzureden! Sprechen Sie offen im Kernteam: Welche der drei oben genannten Krisenmerkmale sehen Sie inwiefern als erfüllt an? Vermeiden Sie zunächst das Wort „Krise", da dieses bei einigen sogleich starre Hilflosigkeit auslöst. Auch mit Ursachen oder gar Lösungen der Krise sollten Sie anfangs noch zurückhaltend sein. Schildern Sie lieber Ihre Wahrnehmung und fragen Sie, ob die anderen die Krisensymptome als ähnlich dramatisch oder weniger schlimm erachten. Vielleicht hat jemand eine ganz einfache Lösung parat. Es kann auch sein, dass ein Teammitglied sich dadurch erst ermutigt fühlt, einen anderen, aber ebenso kritischen Punkt endlich anzusprechen.

Vielleicht haben Sie den Eindruck, dass einige Teammitglieder herumdrucksen oder andere betreten nach unten schauen. Dies ist eine ganz normale Reaktion. Niemand möchte gerne vor anderen Negatives sagen, was vielleicht einer anwesenden Person direkt zugeordnet wird. Schreiben Sie in solchen Fällen das Krisenthema (maximal 2–3 Worte) für jedes Teammitglied auf ein Blatt Papier. Zeichnen Sie darunter jeweils die Umrisse einer großen Hand. Jedes Teammitglied soll diese anonym befüllen, Finger für Finger:

- [ ] Daumen: Welche positiven Aspekte verbinden die Teammitglieder mit der Krisenthematik? Ist z. B. trotz erheblicher Verzögerungen ein Bemühen um Pünktlichkeit erkennbar oder hat ein Fehler auf etwas Wichtiges aufmerksam gemacht?
- [ ] Zeigefinger: Worauf möchten die Teammitglieder gerne hinweisen? Gibt es z. B. eine aus der Problematik folgende Kettenreaktion? Wurde etwas zum Thema bisher noch gar nicht diskutiert?
- [ ] Mittelfinger: Was regt die Teammitglieder auf? Das kann beispielsweise das Verhalten eines anderen Beteiligten sein, der einen Fehler partout nicht einsehen mag, eine engstirnige Behörde oder die chronische Unterfinanzierung eines Arbeitspaketes.
- [ ] Ringfinger: Was ist den Teammitgliedern zu Herzen gegangen? Vielleicht die ehrliche Offenbarung der Schwäche eines anderen oder aber das Gefühl, von jemandem verletzt worden zu sein?
- [ ] kleiner Finger: Dieser Platz kann für zusätzliche Gedanken genutzt werden, die in keinen anderen Finger passen, z. B. für ein P. S. oder eine Randbemerkung, die das Teammitglied noch loswerden möchte.

Nicht jedes Teammitglied muss alle Finger befüllen. Anschließend werden alle Hände auf gleicher Höhe nebeneinander aufgehängt. Sie als Teamleiter lesen alle Hände und zuletzt auch Ihre eigene nacheinander ohne Kommentar vor. Fragen Sie erneut nach der Meinung der anderen. Sammeln Sie weitere Anmerkungen oder auch Korrekturen zur Krisenthematik. Verschriftlichen Sie diese gut sichtbar für alle, zum Beispiel unterhalb der Hände auf einem eigenen Flipchart.

Diese Fingerübung hilft dabei, auch weniger extrovertierten Teammitgliedern eine gleichberechtigte Stimme zu geben. Sie können sie aber auch *alleine durchführen, um einen emotionalen Abstand von einer persönlich belastenden Krise zu gewinnen.*

Statt zu schnell die perfekte Lösung finden zu wollen, ist es in Krisenfällen oft besser, ressourcenorientiert zu fragen: Was benötigt z. B. ein Teammitglied, um wieder der Planung entsprechend zu arbeiten? Wer möchte dazu etwas beisteuern? Welche Fähigkeiten oder Fertigkeiten besitzen wir, die dafür besonders wichtig sind? Wie haben wir ein ähnliches Problem bereits erfolgreich bewältigt? Das lenkt den Blick zunächst auf Stärken und Möglichkeiten des Kernteams, die in Krisenfällen nur zu leicht untergehen.

Zur Akzeptanz einer Krise gehört auch, dass Sie Zeit und Energie für eine offene Aussprache aufbringen. Ohne gegenseitige Schuldzuweisungen sollten die an der Krise beteiligten Teammitglieder und Mitarbeiter zumindest einmal an einem Tisch zusammenkommen. Fernab der sachlichen Krisenproblematik erhält hier jeder der Fairness halber die Gelegenheit, seine Sicht der Dinge zu erläutern und oft vorhandene **negative Emotionen** und Einstellungen aufzuarbeiten. Schließlich wollen alle Beteiligten danach gestärkt die Krise gemeinsam bewältigen!

Ist die Krise erst einmal benannt und schriftlich analysiert, kommen zumeist auch Vorschläge auf, wie sie abzuwenden sein könnte. Wichtig ist dabei, dass ein „weiter so wie bisher" nicht funktioniert! Vielmehr wird der Status quo, mag er auch unzureichend, anstrengend und mangelhaft sein, als **neuer Ist-Zustand** festgelegt. Andernfalls hecheln alle demotiviert einem kaum aufzuholenden Rückstand hinterher, anstatt die Krise direkt anzugehen.

Schauen Sie sich mit Ihrem Kernteam gemeinsam Ihr Projekthandbuch (vgl. S. 52) an:

❏ *Sind das Ziel und insbesondere die Terminplanung weiterhin realistisch?*

- *Ist das Ziel noch genauso erwünscht wie zu Beginn?*
- *Passen die Ergebnisse Ihrer Gedankenlandkarte und der Strukturplan noch dazu (vgl. S. 28 und 32)?*
- *Reichen Ihre persönlichen Ressourcen (vgl. S. 41) für die aktualisierte Planung und einen Neustart aus?*

Anders als sonst sollten Sie beim Krisenmanagement nicht sämtliche Pläne vollständig anpassen und für das ganze Projekt konsistent halten. Legen Sie die Planung für die kommenden 10–20 Prozent der restlichen Projektlaufzeit fest. Passen Sie den Rest zunächst überblicksartig und lediglich so genau an, wie unbedingt nötig. Erst wenn Ihr Projekt wieder „auf Kurs" und die Krise überwunden ist, planen Sie Stück für Stück weiter. Anstelle eines Planungsdauerlaufs sind in Krisenzeiten kurze Sprints effektiver!

Machen Sie zusätzlich die Krise zum Thema in einem eigenen Fortschrittsbericht des Controllings (vgl. S. 100). Führen Sie die Controlling-Meetings in kürzeren Abständen durch als bisher. So können Sie die Fortschritte der Krisenbewältigung mit denjenigen des Gesamtprojekts zeitnah abgleichen.

Haben Sie versteckte Kapazitäten übrig, wie z. B. einen finanziellen Restbetrag aus einem zuvor günstigeren Kauf einer Software oder ein Teammitglied, welches mit seinen Tätigkeiten früher fertig ist? Verwenden Sie diese immer zuerst für die Bewältigung der Krise – die Perfektionierung der ohnehin funktionierenden Bereiche ist in dieser Situation verzichtbar.

Sie haben sich bisher bei der Planung Ihres Vorhabens an vernunftbetonten Kriterien orientiert. Die Gesichtspunkte, was wie wann und wo möglich ist, standen im Mittelpunkt. In Zeiten von Krisen treten jedoch meist emotionale Anteile stärker hervor (Hilflosigkeit, Versagensangst, Unsicherheit etc.). Daher ist es für Sie und Ihr Kernteam wichtig, bald greifbare Erfolgserlebnisse zu haben. Das Erzielen schneller Erfolge in wenigen Arbeitsschritten gibt oft den Anschub, die Talfahrt zu beenden. Danach können Sie gestärkt den nächsten Gipfel erklimmen. Wie beim Staffellauf motiviert es die später startenden Läufer umso mehr, wenn diese sehen, dass die ersten schon einen kleinen Rückstand aufgeholt haben.

Suchen Sie beispielsweise nach einem günstigen Lernort in einem Workspace oder in einem stundenweise anzumietenden Büroraum und müssen immer wieder einsehen, dass es für Sie nicht finanzierbar ist? Dann könnte das Separee eines Kaffeehauses oder der Platz am Fenster in einer öffentlichen Bibliothek einen kurzfristigen Etappensieg bedeuten, auch wenn dies Ihr Bedürfnis nach einer ruhigen Lernumgebung nicht exakt trifft. Oder beabsichtigen Sie zum Beispiel, in Ihrer Umgebung eine Lerngruppe zu gründen, Sie und Ihre Kommilitonen haben sich aber bislang nur auf weit entfernt liegende Treffpunkte verständigen können? Dann wäre eine Teilnahme an jedem zweiten Termin oder eine Mischung aus Präsenz- und Videolernkonferenzen zumindest als ein vorläufiger Zwischenerfolg annehmbar.

> *„Am Anfang habe ich entweder nur sündteure oder*
> *wenig ansprechende Angebote für Sprachkurse recherchiert.*
> *Statt stundenlang frustriert im Internet zu verbringen,*
> *habe ich mit verschiedenen Wochenend-, Abend- und Zusatzkursen*
> *Kompromisse eingehen müssen,*
> *was die Qualität und das systematische Lernen betrifft.*
> *Allerdings konnte ich so sehr schnell viel mehr Sprachstudierende und*
> *andere spannende Menschen kennenlernen!"*
> (Timo, 40, Bäcker, lernt Indonesisch, seiner Lebensgefährtin
> aus Singapur zuliebe)

Jede Krise birgt stets auch **Chancen** in sich. Jeder Schatten benötigt Licht – mag dieses in Krisenzeiten auch nur schwach in weiter Ferne flackern. Eine Krise zwingt dazu, kurz innezuhalten und sich zu fragen, was noch für das Vorhaben spricht. Zudem stärkt eine (gemeinschaftlich) überwundene Krise häufig für die Dinge, die danach kommen. Vielleicht hat Ihre Krise Sie zu neuen Erkenntnissen geführt oder ein unentdecktes Potenzial während des Krisenmanagements an die Oberfläche geholt? Womöglich hat sie Ihnen verdeutlicht, wie und warum Ihnen Ihr Vorhaben wichtig ist? Eine Chance liegt zumindest immer auf der Hand: diejenige auf ein versöhnliches Ende und einen kompletten Neustart!

Das chinesische Sprichwort „Kluge Krieger fliehen beizeiten!" mutet martialisch an – es gilt aber auch im Projektmanagement. Die Methode „Augen zu und durch" ist hingegen nicht nur quälend, sondern kann sogar gefährlich werden. Sich etwa für einen Traum von einem tollen, gemeinnützigen Lernzirkel im eigenen Bezirk im ständigen Streit jeden Tag nervlich zu strapazieren, hat trotz des festen Glaubens an eine soziale Gemeinschaft wenig Sinn. Genauso fraglich erscheint das quälende Pauken für die vierte Wiederholungsprüfung nur aus Disziplingründen anstatt mit Lernmotivation. Deswegen sollten Sie auch in der Krise zu sich und Ihrem Kernteam ehrlich sein und eindeutige **Abbruchkriterien** definieren:

- ❏ Wie viele Versuche werden wir noch angehen?
- ❏ Wie viel zusätzliche Zeit wenden wir maximal für die Krisenbewältigung auf?
- ❏ Welche Fortschritte müssen wir dazu mindestens erreichen und bis spätestens wann?

Der Abschluss – Einbiegen in die Zielgerade!

„Wie man zusammengekommen ist, so geht man auch auseinander", heißt es ganz richtig. Jedes Projekt endet irgendwann – egal ob infolge eines Abbruchs, eines Teilerfolges oder weil das Ziel vollständig erreicht ist. So wie das Projekt in einem ersten Meeting mit dem neuen Kernteam begonnen hat, so sollte es auch bewusst und für alle Beteiligten formal erkennbar beendet werden. Schließlich haben sich viele mit dem Vorhaben identifiziert. Sie haben soziale Bindungen untereinander aufgebaut und freiwillig ihre persönliche Energie eingebracht.

Ich verliere nicht!

Entweder ich
GEWINNE
oder ich
LERNE.

Vermeiden Sie, dass das Vorhaben am Ende „ausfranst", wenn es etwa von manchen als faktisch beendet angesehen wird und von anderen hingegen noch nicht. Teammitglieder oder Betroffene sollten nicht über Umwege oder gar Gerüchte vom Projektende erfahren. Haben Sie z. B. in Ihrem Bekanntenkreis für das Studieninteresse eines Freundes um Informationen gebeten, dann werden Sie es wenig schätzen, wenn ein Bekannter Ihnen mitteilt, dass Ihr Freund nun doch keine Lust mehr hat. Ebenso wird Sie etwa das Angebot eines entfernten Verwandten verärgern, ihn bei „Not am Mann" stets kontaktieren zu können, wenn Sie beim Planen Ihrer Kinderbetreuung erfahren, dass er auf unbestimmte Zeit ins Ausland verreist ist.

Schauen Sie sich Ihre Stakeholder-Analyse (vgl. S. 62) noch einmal an und benachrichtigen Sie alle rechtzeitig vom Projektende. Sie können dies auch in sozialen Medien oder auf Ihrer Internetpräsenz posten. Kündigen Sie das letzte Treffen Ihres Kernteams rechtzeitig an und feiern Sie mit allen den gemeinsamen Projektabschluss – vielleicht mit einem Gläschen Sekt, einem selbst gebackenen Kuchen oder einem Ausflug zum benachbarten Marktstand. Das ist gerade in Fällen eines Abbruchs aufgrund einer Krise wichtig, um keinen bitteren Nachgeschmack zurückzulassen.

Bedanken Sie sich bei allen Personen, die mitgewirkt haben. Heben Sie auch deren spezifischen Anteil an dem Geleisteten hervor. Ein „Ihr wart alle toll!" nach dem Gießkannenprinzip ist genauso wenig wertschätzend wie: „Du weißt doch eh, wie ich dich finde!" Selbst wenn beides zutrifft, sagen Sie es jedem Einzelnen trotzdem persönlich – denn schließlich hat sich jeder auf seine individuelle Art auf Ihr Vorhaben eingelassen. Ein kurzes Feedback darüber, wie alle den Projektverlauf insgesamt empfunden haben, rundet das letzte Meeting ab.

Nehmen Sie sich danach ruhig ein wenig Zeit für sich, um stichwortartig Ihre Eindrücke festzuhalten:

❑   *Wie war die Zusammenarbeit für Sie?*
❑   *Was haben Sie nicht erwartet?*
❑   *Wovon sind Sie positiv überrascht?*
❑   *Was würden Sie beim nächsten Mal genauso, was ganz anders machen?*

Zu jedem Projektabschluss gehört, Ergebnisse und Ziele schriftlich festzuhalten – sowohl die planmäßig erreichten als auch die anders oder gar nicht bewerkstelligten. Möchten Sie später noch einmal an dieser Stelle ansetzen, haben Sie somit schon einiges gespart. Außerdem kann auch ein nur knapp verfehltes Ziel ein beachtlicher Erfolg sein (vgl. S. 17).

Kringeln Sie auf Ihrer Gedankenlandkarte alle erreichten Ergebnisse fett mit Leuchtfarbe ein. Alle Arbeitspakete in Ihrem Strukturplan, die zumindest zu 80%iger Zufriedenheit erfüllt wurden, haken Sie mit einem dicken roten Stift ab. Checken Sie auch Ihren Ressourcenplan und Ihren Kostenplan (vgl. S. 41 und 45). Wo wurde mehr, an welcher Stelle weniger gebraucht und weshalb?

Machen Sie ein kurzes Brainstorming, was nach dem Projekt passieren wird:

❑   *In welcher Form werden Sie einzelne Ergebnisse weiterverwenden?*
❑   *Haben Sie noch ähnliche Vorhaben geplant?*
❑   *Sind Sie zwischenzeitlich auf neue Projektideen gekommen?*

Gönnen Sie sich zuletzt persönlich eine besondere Belohnung, die Sie mit niemandem absprechen oder teilen müssen. Sie haben es geschafft – Gratulation zum Projektabschluss!

Checkliste „Projektkrisen und Projektabschluss"

- ☑ Liegt ein objektiv-sachliches Anzeichen einer Krise schwarz auf weiß vor?
- ☑ Treten ähnliche Probleme immer wieder auf, obwohl wiederholt Lösungsversuche unternommen wurden?
- ☑ Nehme ich bei mir oder im Kernteam emotionale Über- oder Gegenreaktionen wahr, welche die Lage als ausweglos erscheinen lassen?
- ☑ Habe ich ein krisenträchtiges Thema mithilfe einer Fingerübung alleine oder im Kernteam analysiert?
- ☑ Habe ich die bisherige Planung nur für die nächsten 10–20 Prozent erneuert und die Krisenthematik in mein Controlling integriert?
- ☑ Bestehen Restkapazitäten an Ressourcen, die sofort in die Krisenbewältigung umgelenkt werden können?
- ☑ Welche Chancen stecken möglicherweise in dieser Krise?
- ☑ Habe ich eindeutige Abbruchkriterien definiert, falls die Krise nicht erfolgreich bewältigt wird?
- ☑ Wurde das Projekt für alle Beteiligten formal erkennbar beendet?
- ☑ Habe ich jedem Einzelnen für seinen individuellen Beitrag gedankt?
- ☑ Habe ich schriftlich festgehalten, welche Ergebnisse und Ziele erreicht bzw. teilweise oder nicht erreicht wurden?
- ☑ Habe ich den Projektabschluss mit allen Beteiligten gefeiert und auch mir selbst eine besondere Belohnung gegönnt?
- ☑ Wie habe ich mein Projekt empfunden und wie geht es danach weiter?

Stichwortverzeichnis

Ebenfalls erhältlich

„Auf zu neuen Ufern", Band 1

René Merten
Mein Projekt **Beruflich Neues wagen**

maudrich 2020
128 Seiten, Klappenbroschur
EUR 15,90 (A) / EUR 15,50 (D)
ISBN 978-3-99002-102-6

„Auf zu neuen Ufern", Band 2

René Merten
Mein Projekt **Dem Alltag entkommen**

maudrich 2020
128 Seiten, Klappenbroschur
EUR 15,90 (A) / EUR 15,50 (D)
ISBN 978-3-99002-103-3

In Vorbereitung

MERTEN

MEIN
PROJEKT
**EVENTS
ERFOLGREICH
PLANEN**

AUF ZU NEUEN UFERN

MERTEN

MEIN
PROJEKT
**DEM
KÖRPER GUTES
TUN**

AUF ZU NEUEN UFERN

MERTEN

MEIN
PROJEKT
**IN HEIM
UND GARTEN
WERKEN**

AUF ZU NEUEN UFERN

"
If you can
DREAM IT,
you can
DO IT.
"